U0826997

GIS 应用与开发丛书

C♯测绘程序设计基础

王新志　编著

测绘出版社
·北京·

ⓒ王新志 2025
所有权利(含信息网络传播权)保留,未经许可,不得以任何方式使用。

内容简介

本教材介绍了 C♯的基础知识,以及常用的测绘相关案例。通过案例式教学,学生能够快速掌握使用 C♯编写测绘相关程序的步骤和方法。全书共 11 章,内容包括绪论、简单的 C♯应用程序、C♯语言基础、C♯流程控制、数组、类、Windows 窗体应用程序设计、用户界面设计、图形设计、程序错误和程序异常处理、数据库应用等相关内容。

本教材可作为测绘类专业本科生的教材使用,也可供相关专业技术人员参考。

图书在版编目(CIP)数据

C♯测绘程序设计基础 / 王新志编著. -- 北京 : 测绘出版社, 2025.1

ISBN 978-7-5030-4469-4

Ⅰ.①C… Ⅱ.①王… Ⅲ.①测绘—C 语言—程序设计 Ⅳ.①P209

中国国家版本馆 CIP 数据核字(2024)第 037756 号

C♯测绘程序设计基础
C♯ CEHUI CHENGXU SHEJI JICHU

责任编辑	焦孟梅	封面设计	李 伟	责任印制	陈姝颖

出版发行	测绘出版社	电　　话	010—68580735(发行部)
地　　址	北京市西城区三里河路 50 号		010—68531363(编辑部)
邮政编码	100045	网　　址	https://chs.sinomaps.com
电子信箱	smp@sinomaps.com	经　　销	新华书店
成品规格	184mm×260mm	印　　刷	建工社(河北)印刷有限公司
印　　张	13.75	字　　数	335 千字
版　　次	2025 年 1 月第 1 版	印　　次	2025 年 1 月第 1 次印刷
印　　数	0001—1000	定　　价	48.00 元

书　　号 ISBN 978-7-5030-4469-4
本书如有印装质量问题,请与我社发行部联系调换。

前　言

随着云计算、大数据与人工智能的发展，测绘正逐步迈入智能化时代。智能化测绘离不开计算机的支撑，这对学生程序设计能力提出更高的要求。在测绘类专业课程体系中，"面向对象程序设计"是联系测绘理论知识与信息世界的基础课程。通过该课程的学习，学生可以加深对专业知识的理解，增强利用计算机解决测绘实际问题的能力。

C#（读作 see sharp）是一种通用的、面向对象的程序设计语言，由微软公司开发。它是在 Visual Studio.NET 平台上构建应用程序的主要语言之一，同时也可用于开发跨平台的移动应用、网络服务和嵌入式系统等，逐步成为高校"面向对象程序设计"课程的首选语言。

作者从事"面向对象程序设计"课程的教学和测绘地理信息软件的开发与应用工作多年，积累了较为丰富的 C# 软件开发与学生培养经验。本书以 C# 语言为基础，结合测绘相关专业基本知识，由浅入深，精心设计了多个测绘程序设计案例，以类为核心，逐步讲述测绘程序设计的步骤、原理和方法。程序代码及相关数字资源可从测绘出版社网站（https://chs.sinomaps.com）的下载中心下载。

本书编写过程中，得到了南京信息工程大学教务处和遥感与测绘工程学院的大力支持，在此一并表示感谢。

限于编著者的水平，书中难免有错误和不当之处，敬请专家和读者批评指正。

目　录

第 1 章　绪　论

1.1　概　述

1.1.1　测绘程序设计

测绘涉及计算、绘图、数据库管理、数据分析与处理等相关工作。开发、利用计算机软件系统完成测绘相关工作，可以将测绘工作者从繁重的数据处理、工程制图与工程设计等工作中解放出来，还可以进一步提高工作效率，创造更大的经济价值。对于测绘相关专业的学生而言，具有一定的程序设计能力对进行测绘科学研究和开展测绘工程相关工作将会有很大帮助。

从应用的角度看，测绘程序主要包括测绘数据处理算法和图形界面两部分内容。本书主要讲述基于 Visual Studio.NET 平台，利用 C#（读作 see sharp）进行测绘程序设计的基本内容。测绘数据处理算法是图形界面的基础，对于测绘程序图形界面设计具有很重要的意义。

要进行软件设计，就要学习软件设计思想。现在常用的软件设计思想包括结构化程序设计思想和面向对象程序设计思想。

结构化程序设计思想强调对软件的功能进行模块划分与设计，其目标是把完整的功能软件划分成一些相互独立的基本功能模块，要求每个模块包含单一、具体的功能，从而提高功能模块之间的独立性，降低软件设计的难度与复杂性。在程序设计语言中占据非常重要的地位的 C 就是一种结构化程序设计语言。C 用函数来定义功能模块，在 C 中经常讲的数据输入、数据处理与数据输出就是一种典型的结构化的软件功能分块方法，一般的数据处理过程都符合这种基本的过程划分模式。

一般的测绘相关程序包括数据和对数据的处理两种基本内容，且数据和对数据的处理是密切联系、不可分割的。结构化程序设计思想单纯地强调对数据处理功能的分块，没有顾及数据与处理过程的统一性，具有一定的局限性。人们发现，结构化程序设计思想比较适合小规模的软件开发。程序越大，进行软件分析与设计越困难，软件的维护与更新越复杂，功能模块的重用性与可移植性越低，程序结构与代码的冗余度越高，软件运行的稳定性与适应性也越差。

面向对象程序设计思想利用概念对一个问题中的数据与处理过程进行整体性分块，建立的概念模型（如 C#类）既包含与该概念相关的不同数据，也包含与之相关的数据处理方法。相对于结构化程序设计思想，面向对象程序设计思想既考虑数据分块，又考虑功能分块（在功能分块时仍然采用结构化程序设计思想），是更完善的模块化方法。面向对象程序设计思想模块独立性更强，能够显著降低大型软件开发的复杂性与难度。

目前，面向对象程序设计思想是软件设计的最先进的思想，是进行大型、复杂软件系统设计的有效方法。C#是面向对象的程序设计语言，C#兼容 C 和 C++，可以基于结构化程序设计思想和面向对象程序设计思想两种思想进行软件设计。对象、类与消息是面向对象程序设计的基本概念，封装性、继承性与多态性是面向对象程序设计的基本特征。C#继承了 C 和

C++的强大功能，同时去掉了它们的一些复杂特性，例如没有宏以及不允许多重继承。C#综合了 Visual Basic 简单的可视化操作和 C++的高运行效率，以其强大的可操作性和便捷的面向组件编程的支持成为.NET 开发的首选语言。使用 C#简单的语言结构，各类组件可以方便地转化为可扩展标记语言（extensible markup language，XML）网络服务，从而使它们可以由任何语言在任何操作系统上通过互联网进行调用。利用 C#可以高效地开发程序，而不损失 C、C++原有的强大的功能。因为 C#与 C、C++具有极大的相似性，熟悉类似语言的开发者可以很快转向 C#。

1.1.2 测绘程序设计步骤

根据面向对象的问题分析方法与程序设计思想，测绘程序设计的基本流程包括以下六个步骤。

1.面向对象分析

首先，明确软件的整体结构与功能要求，即用于处理哪些主要问题；其次，在问题中找出相关的概念；最后，明确不同概念之间的基本关系。

2.面向对象设计

根据软件总体功能要求与数据特征，进行概念模型设计，根据每个概念涉及的具体数据与处理要求，按结构化程序设计思想对每个概念进行相关独立功能模块的划分。明确软件总体功能与各概念模块的关系，确定不同模块间的接口关系，明确所有模块的开发顺序。

3.确定功能函数的具体算法

确定每个概念模型的相关功能函数的数据处理方法与过程，对具体的算法进行说明，准备进行代码编写。

4.源代码编写与软件集成

对 C#而言，最重要的工作是声明并定义相关的类，包括每个具体类的数据成员声明与成员函数定义。所有基本类建立并测试成功以后，还要基于每个基本类逐步集成一个完整的软件系统。

5.程序调试

程序调试是对已经实现的程序进行正确性检验与再完善的过程，包括对独立功能模块的调试与集成软件的调试。独立功能模块可以独立地进行软件调试，但独立功能模块的正确性并不能保证集成软件的正确性，所以在软件集成后还要进行软件整体功能的调试。另外，在程序调试过程中，有可能发现软件设计中存在的问题与缺陷，可以对软件总体设计进行局部的修改与完善。

6.编写用户使用说明

软件最终是要交给用户使用的，软件调试完成后应当编写详细的软件使用说明，包括软件的数据结构、应用功能、应用方法，以及可能的运行异常与处理方法等。

1.1.3 课程学习方法

本书内容包括三个基本部分，分别为面向对象程序设计思想、C#语言基础与 C#测绘程序设计。充分理解面向对象程序设计思想有助于掌握 C#测绘程序设计的基本技术与方法；C#语言基础是测绘程序设计的基础。本书内容结构相对完整，有利于读者不断深入学习，循序渐进，不断地提高自身的程序设计水平。

作为程序设计语言，C＃是在C、C＋＋基础之上形成的，具备较好的C语言基础有利于C＃的学习。因此，学习C＃时，及时复习C、C＋＋的重要概念对于掌握C＃是非常有帮助的。另外，C、C＋＋中，函数是最重要的内容，充分理解函数，对学好C＃非常重要。

程序设计是实践性很强的技术，动手编程才是学好程序设计技术的最好方法。就像测绘工作一样，只看书而不进行实践，很难成为一流的测绘工程师。此外，在必要时查阅数字地形测量学、误差理论与测量平差、大地测量学基础、GNSS原理与数据处理等相关理论与基础知识，将有利于对本书相关内容的学习与理解。

1.2 .NET Framework

.NET框架（Framework）是一个由微软公司开发的，用于构建、部署和运行应用程序和服务的平台。它主要包括了公共语言运行环境（common language runtime，CLR）和.NET Framework类库，旨在简化基于Windows的应用程序开发，并提供了一种跨语言集成的开发环境。

1.2.1 .NET Framework的内容

.NET Framework包含一个非常庞大的代码库，可以在客户端语言（如C＃）中通过面向对象程序设计（object-oriented programming，OOP）技术来使用这些代码。代码库分为多个不同的模块，这样就可以根据希望得到的结果来选择使用哪些模块。例如，一个模块包含Windows应用程序的构件，另一个模块包含网络编程的代码块，还有一个模块包含Web开发的代码块。一些模块还划分为更加具体的子模块，例如，Web开发模块中用于建立Web服务的子模块。这样，不同的操作系统可以根据自己的特性，支持其中的部分或全部模块。例如，个人数字助理（personal digital assistant，PDA）支持所有的核心.NET功能，但不需要默写更高级的模块。

部分.NET Framework库定义了一些基本的数据类型，以便使用.NET Framework在各种语言之间进行交互操作。

在.NET Framework出现之前，Visual C＋＋程序开发人员使用微软基础类库（microsoft foundation classes，MFC）来编写程序，而Visual Basic程序开发人员则使用Visual Basic框架（Visual Basic Framework，VBF）类库。.NET Framework将这些类库整合并统一，设计了一个所有程序语言都可以共享的类库。这就使得程序开发人员不需要再学习多种类库，就可以做到跨语言的对象继承、错误处理以及除错。因为无论是Visual Basic还是C＃等程序语言，它们所使用的类库都是一样的，所以程序开发人员就可以自由地选择自己偏好的程序语言进行程序设计。

.NET提供了一个让.NET所有程序语言使用的共享类库，提供了几组统一、对象导向、结构化的对象，程序开发人员可以呼叫共享类库的功能，或者继承某个对象的功能来扩充自己建立的对象。

.NET Framework的目标主要包含以下五个方面。

（1）提供一个一致的面向对象的编程环境，无论对象代码是在本地存储、执行，还是在互联网上分布，均在本地或远程执行。

（2）提供一个将软件部署和版本控制冲突最小化的代码执行环境。

(3)提供一个可以提高程序代码执行安全性的代码执行环境。

(4)使程序开发人员的经验在面向类型各不相同的应用程序时无差异。

(5)按照工业标准生成所有代码,以确保基于.NET Framework 的代码可与任何其他代码集成。

1.2.2 .NET Framework 的体系结构

.NET Framework 的体系结构如图 1.1 所示,其各部分介绍如下。

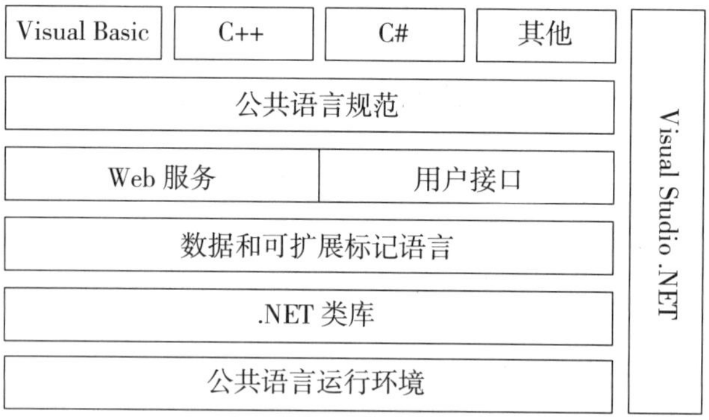

图 1.1 .NET Framework 体系结构

1.公共语言规范

.NET Framework 将公共语言规范(common language specification,CLS)定义为一组规则,所有.NET 语言都应该遵循该规则才能创建与其他语言可互操作的应用程序。因而在程序设计时,如果使用符合公共语言规范的开发语言,那么所开发的程序可以在任何公共语言开发环境的操作系统下运行。

2.Web 服务

Web 服务技术能使运行在不同计算机上的不同应用程序无须借助附加和专门的第三方软件或硬件,就可相互交换数据或集成。依据 Web 服务规范实施的应用程序,无论它们所使用的语言、平台或内部协议是什么,都可以相互交换数据。

3.可扩展标记语言

可扩展标记语言,可以用来标记数据、定义数据类型,是一种允许用户对自己的标记语言进行定义的源语言。它非常适合 Web 传输,提供统一的方法来描述和交换独立于应用程序或供应商的结构化数据,是互联网环境中跨平台、依赖于内容的技术,也是当今处理分布式结构信息的有效工具。

.NET Framework 直接支持 XML 文件的操作。在 XML 文件和数据集之间可以进行数据转换,甚至共享一份数据,程序开发人员可以选择熟悉的方式来处理数据,以提高程序的运行效率。

4..NET 类库

每一种程序设计语言都有各自独立的类库,如 C++的 MFC、Java 的 JDK 等。然而,这些类库之间并不支持互相引用,每一种类库都只针对一种语言,对于偏好 C＃的程序开发人员而言,所开发的类库就无法被 C++程序开发人员使用。

.NET Framework 提供了一个巨大的、统一的类库,该类库提供了程序开发人员在开发程序时所需要的大部分功能，且可以被任何一种支持.NET 的程序语言所引用，程序开发人员不需要因为不同的类库而学习不同的程序设计语言。

.NET 类库是以面向对象为基础创建的，在.NET Framework 中，不管是数字还是字符串，所有的数据都是对象。.NET 类库的结构是阶层式的，并采用命名空间进行管理，方便程序开发人员分类引用。

5.公共语言运行环境

以前的 C# 是以组件对象模型（component object model，COM）为基础进行编译和运行的，因而程序运行较慢。在.NET Framework 中，所有的程序语言均使用统一的虚拟机，所有的.NET 语言在执行时所必备的运行环境为公共语言运行环境，这种统一的虚拟机和运行环境可以达到跨操作系统的目的。

公共语言运行环境可以分为以下三个部分。

（1）通用类型系统（common type system，CTS）。其作用是使所支持的语言共享相同的数据类型。无论程序是以什么语言编写的，都会被编译成相同的中间语言，这个中间语言在公共语言运行环境下其数据都将具有相同的名称，从而使不同语言之间的数据得以沟通协调。

（2）内存管理和回收机制。支持.NET 且遵守共同规范的语言所编写的程序，称为托管代码；之前各版本的其他语言所编写的代码称为非托管代码。托管代码的程序语言因为其程序代码在执行的过程中所使用的内存资源受到公共语言运行环境的监控，各种数据与对象的生存期都由公共语言运行环境管理。公共语言运行环境提供了统一的资源回收机制，对于不再使用的对象等，会自动释放所使用的资源，避免造成程序错误或内存耗损。

（3）中间语言与实时编译器。在.NET Framework 中，所有的程序语言在编译时都会先转换为与平台计算机无关的中间语言代码，然后与原数据一起编译成可执行代码，这样就可以在所有安装有公共语言运行环境的计算机上运行。当程序第一次被运行时，公共语言运行环境会启动实时编译器进行编译，它会侦测硬件设备而将程序进一步编译为该计算机的本机代码，以确保程序在任一操作系统中都能运行。

6. Visual Studio.NET 集成开发环境

Visual Studio.NET 集成开发环境（integrated development environment，IDE）是.NET 应用程序的界面，其功能强大，便于程序设计人员开发各种复杂的应用程序。

7.程序设计语言

.NET 开发环境支持多种程序设计语言，如 C#、C++、Visual Basic 和 J# 等。

1.2.3 使用.NET Framework 编写应用程序

使用.NET Framework 编写应用程序，就是使用支持.NET Framework 的任何一种语言根据.NET 代码库编写代码。为了执行 C# 代码，必须把这些语言转换为目标操作系统能够识别的语言，即本机代码。这种转换称为编译代码，由编译器执行。在.NET Framework 下，此过程包含两个阶段：首先，C# 代码被编译成通用中间语言代码；其次，通用中间语言代码被编译成本机代码。

1.通用中间语言和即时编译器

编译使用.NET Framework 库的代码时，不是立即创建专用于操作系统的本机代码，而是把代码编译为通用中间语言（common intermediate language，CIL）代码。这些代码并非专门用于C#,其他.NET语言(如Visual Basic)也可以编译为这种语言。开发C#应用程序时,该编译工作由Visual Studio.NET完成。

要执行应用程序,还需用即时编译器(just-in-time compiler, JIT)。将通用中间语言代码编译为专用于特定操作系统和目标计算机上中央处理器(central processing unit,CPU)结构的本机代码,这样操作系统才能够执行应用程序。此外,通用中间语言代码仅在需要时才编译。

过去,常常需要把代码编译为几个应用程序,每个应用程序都用于特定的操作系统和目标计算机CPU结构。而使用.NET Framework编写应用程序时则不需要这么操作,因为即时编译器使用通用中间语言代码,而通用中间语言代码独立于计算机、操作系统和CPU结构,所以用户可以忽略与操作系统相关的细节,把注意力集中在代码功能的编写上。

2.程序集

编译应用程序时,所创建的通用中间语言代码存储在一个程序集中。程序集包含可执行的应用程序文件(这些文件可以直接在Windows操作系统上运行,不需要其他程序,其扩展名为.exe)和其他应用程序使用的库(其扩展名为.dll)。

除了包含通用中间语言外,程序集还包含元信息(即程序集中包含的数据的信息,也称元数据)和可选择的资源(通用中间语言使用的其他数据,如声音和图片)。

因此,应用程序的部署就变得非常简单,只需要把文件复制到远程计算机的目录下即可。因为不需要目标操作系统上的其他信息,所以只需要在该目录下运行可执行的应用程序文件即可(假定安装了.NET通用中间语言)。

当然,不必把运行应用程序需要的所有信息都安装到一个地方,而可以编写一些代码来执行多个应用程序所要求的任务。此时,通常把这些重要的代码放在所有应用程序都可以访问的地方,在.NET Framework中,这个地方是全局程序集缓存(global assembly cache, GAC),只需要把包含代码的程序集放在包含全局程序集缓存的目录中即可。

3.托管代码

将代码编译为通用中间语言,再使用即时编译器将它编译为本机代码后,公共语言运行环境的任务还没有全部完成,还需要管理正在执行的用.NET Framework编写的代码——这个代码执行的阶段通常称为运行时(runtime),即公共语言运行环境管理着应用程序,其方式是管理内存、处理安全性,以及允许运行跨语言调试等。相反,不受公共语言运行环境控制运行的应用程序属于非托管类型,某些语言(如C++)可以用于编写这类应用程序。但是在C#中,只能编写在托管环境下运行的代码。使用公共语言运行环境的托管功能,可实现.NET与操作系统的交互。

4.垃圾回收

托管代码最重要的一个功能是垃圾回收。该功能可以确保当应用程序不再使用某些内存时,就会完全释放这些内存。.NET推出以前,这项工作主要由程序开发人员负责,代码中的几个简单的错误会把大块内存分配到错误的地方,使这些内存被占用,计算机的运行速度逐渐减慢,最终导致系统崩溃。

.NET垃圾回收会定期检查计算机内存,从中删除不再需要的内容。它不设置时间帧,可能一秒内会进行上千次的检查,也可能几秒才检查一次,或者随时进行检查,但一定会进行检查。因为是在不可预知的时间执行检查工作,所以在设计程序时,必须留意这一点。需要许多内存才能运行的代码应自己执行这样的检查，而不是坐等垃圾回收。

5..NET 应用程序的创建步骤

.NET 应用程序的创建步骤如下。

(1)使用某种.NET 兼容语言(如 C♯)编写应用程序代码，如图 1.2 所示。

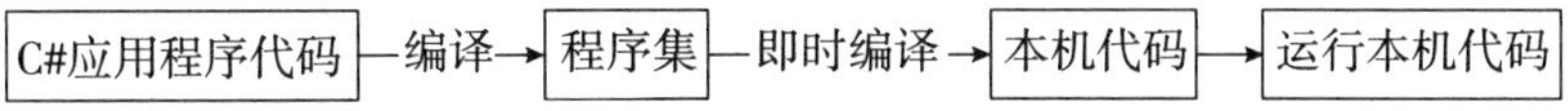

图 1.2 创建.NET 应用程序

(2)把代码编译为通用中间语言，存储在程序集中。

(3)执行代码时(如果这是一个可执行应用程序文件，就自动执行，或者在其他代码使用它时执行)，必须首先使用即时编译器将代码编译为本机代码。

(4)在托管的公共语言运行环境下运行本机代码以及其他应用程序或进程。

6.链接

步骤(2)编译为通用中间语言的 C♯代码不一定包含在单独文件中，可以将应用程序代码放在多个源代码文件中，再将它们编译到一个程序集中。这个过程称为链接(linking)，是非常有用的。原因是处理几个较小的文件比处理一个大文件要简单得多。可以把逻辑上相关的代码分解到一个文件中，以便单独进行处理，这也更易于在需要时找到特定的代码块，让程序开发小组把编程工具分解为一些可管理的块，每个人编写一小块代码，而不会破坏已经编写好的代码部分或其他人正在处理的部分。

1.3 C♯

C♯是可用于创建运行在.NET 公共语言运行环境上的语言之一。它由 C 和 C++演化而来，是微软公司专门为使用.NET 平台而创建的。随着 C♯的不断发展，除了主要用于 Windows 操作系统外，现在 C♯还可以用于 Linux 和 macOS 操作系统。

由于 C♯语法比较简单，使用该语言开发应用程序比使用 C++简单。然而，在 C++中能完成的任务，C♯也几乎都能完成。

C♯代码比 C++代码略长，这是因为 C♯是一种类型安全的语言(与 C++不同)。外行人看来，这表示为一旦为某个数据指定了类型，就不能转换为另一个不相关的类型，在类型之间进行转换时，必须遵守严格的规则。C♯中，不能完成诸如“把 4 个字节的内存放在这个数据中，使之有 10 个字节的长度”等任务。因而，执行相同的任务时，用 C♯编写的代码通常比用 C++编写的代码长。但是，C♯编写的代码更健壮，调试起来也比较简单，.NET 可以随时跟踪数据的类型。

1.3.1 C♯优点

C♯是唯一专为.NET Framework 设计，能够移植到其他操作系统的.NET 版本中使用的编程语言。C♯能使用.NET Framework 代码库提供的每种功能。

C♯几乎涵盖目前所有高级语言的优点，此外还具有以下四个方面特点。

1.语法简洁

C♯继承了 C 和 C++的优点，具有简单易学与开发快速的特点。C♯抛弃了 C++中一些比较复杂而且不常用的语法，如指针、多父类继承等，使用最简单和最常用的形式进行描述。

2.完全面向对象程序设计

C#是完全按照面向对象的思想来设计的，它具有面向对象语言所拥有的一切特征，如封装性、继承性与多态性。

3.与 Web 紧密结合

C#中，复杂的 Web 编程和其他网络编程变得像是本地对象的操作，简化了大规模、深层次的分布式开发。用 C#构建的组件能更加方便地为 Web 服务并可以通过互联网被任何操作系统上的任何语言所调用。

4.兼容性强

C#遵守.NET 的公共语言规范，从而保证了 C#组件与其他语言组件间的相互操作性。

1.3.2 C#应用程序类型

.NET Framework 没有限制应用程序的类型，因而使用 C#开发应用程序同样不限制应用程序的类型，这里仅介绍四种常见的应用程序类型。

1.控制台应用程序

控制台应用程序是一种没有可视化界面的计算机应用程序，只使用键盘命令进行操作。其常常被应用在测试、监控等用途，用户往往只关心数据，不在乎界面。

2.Windows 窗体应用程序

Windows 窗体应用程序具有 Windows 外观和操作方式，使用.NET Framework 的 Windows Forms 模块就可以生成这种应用程序。Windows Forms 模块是一个控件库，其中的控件可以用于建立 Windows 用户界面(user interface，UI)。另外，还可以使用 WPF(Windows Presentation Foundation)建立 Windows 窗体应用程序，WPF 提供了更卓越的功能。

3.Web 应用程序

Web 应用程序是一些 Web 页面，可以通过任意 Web 浏览器进行查看。.NET Framework 包括一个动态生成 Web 内容的强大系统——Active Server Pages .NET(ASP.NET)，它可以通过.NET Framework 的 Web Forms 模块创建 ASP.NET 应用程序。

4.Web 服务

使用 Web 服务可以通过互联网虚拟交换数据，无论使用什么语言创建 Web 服务，也无论 Web 服务驻留在什么操作系统上，都使用一样简单的语法。对于更高级的功能，还可以创建 WCF(Windows Communication Foundation)服务。

以上不同形式的应用程序还可以通过.NET Framework 的 Active Data Objects.NET(ADO.NET)部分、ADO.NET Entity Framework 或 C#的语言集成查询(Language Integrated Query，LINQ)功能实现。

1.4 Visual Studio 集成开发环境

Visual Studio 主要经历了 Visual Studio 2002、Visual Studio 2003、Visual Studio 2005、Visual Studio 2008、Visual Studio 2010、Visual Studio 2013、Visual Studio 2015、Visual Studio 2017 和 Visual Studio 2019 等多个版本，本书所用的版本是 Visual Studio 2019，该版本需要

.NET Framework 4.7.2 的支持。

Visual Studio 是一个丰富的集成开发环境，用于创建出色的 Windows、安卓系统(Android)和苹果手机操作系统(iPhone operating system，iOS)应用程序以及新式 Web 应用程序和云服务。本书使用 Visual Studio 2019(VS)集成开发环境进行所有的 C♯应用程序开发，包括控制台应用程序、Windows 窗体应用程序以及复杂的项目类型。

Visual Studio 2019 不是开发 C♯应用程序所必需的开发工具或者集成开发环境，但是使用 Visual Studio 2019 可以使编程变得更加简单。

Visual Studio 2019 集成开发环境支持 C♯、Visual Basic、C＋＋及 J♯等 4 种程序设计语言。此外，它还是一组软件工具，集应用程序的设计、编辑、调试、运行等多种功能于一体，为应用程序的开发带来了极大的便利。

Visual Studio 2019 包含社区版、专业版和企业版三个版本，均可以通过 Visual Studio 网站进行下载。Visual Studio 社区版是免费使用的，主要面向学生、开源软件开发者以及学术研究等个人；Visual Studio 专业版主要为单个开发人员或小团队的专业开发人员提供工具和服务，需付费使用；Visual Studio 企业版是集成的端到端解决方案，适用于具有非常高的质量和扩展需求的各种规模团队，需付费使用。本书所有代码均在 Visual Studio 社区版下开发运行。

1.4.1 启动 Visual Studio 2019

依次执行“开始”→“所有程序”→“Visual Studio 2019”，进入如图 1.3 所示的 Visual Studio 2019 起始页。

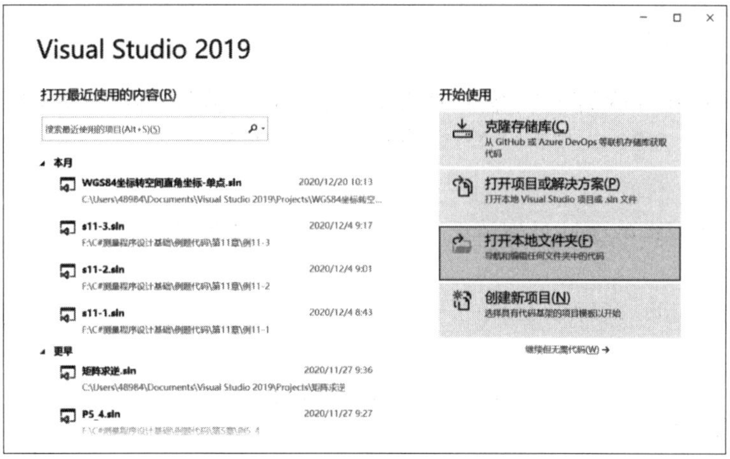

图 1.3 Visual Studio 2019 起始页

起始页界面通常包含“打开最近使用的内容(R)”和“开始使用”两部分内容。

“打开最近使用的内容(R)”部分，显示最近一段时间打开的解决方案。

“开始使用”部分，包含“克隆存储库(C)”“打开项目或解决方案(P)”“打开本地文件夹(F)”“创建新项目(N)”四项内容。其中，“打开项目或解决方案(P)”用于打开项目或者解决方案，其默认显示路径为上一项目的存放路径；“打开本地文件夹(F)”用于选择打开文件夹、项目或解决方案，其默认路径为上一次打开的文件路径。“创建新项目(N)”用于创建不同类型的项目或解决方案。

启动 Visual Studio 2019 后,将会出现一个由菜单栏、工具栏和组件窗口组成的开发环境。

启动 Visual Studio 2019 系统程序后,将直接进入 Visual Studio 2019 集成开发环境,在这一环境中,用户可以根据实际需要完成应用程序设计的全部工作。

1.4.2 Visual Studio 2019 集成开发环境

Visual Studio 2019 集成开发环境如图 1.4 所示,其主要由八个部分组成。

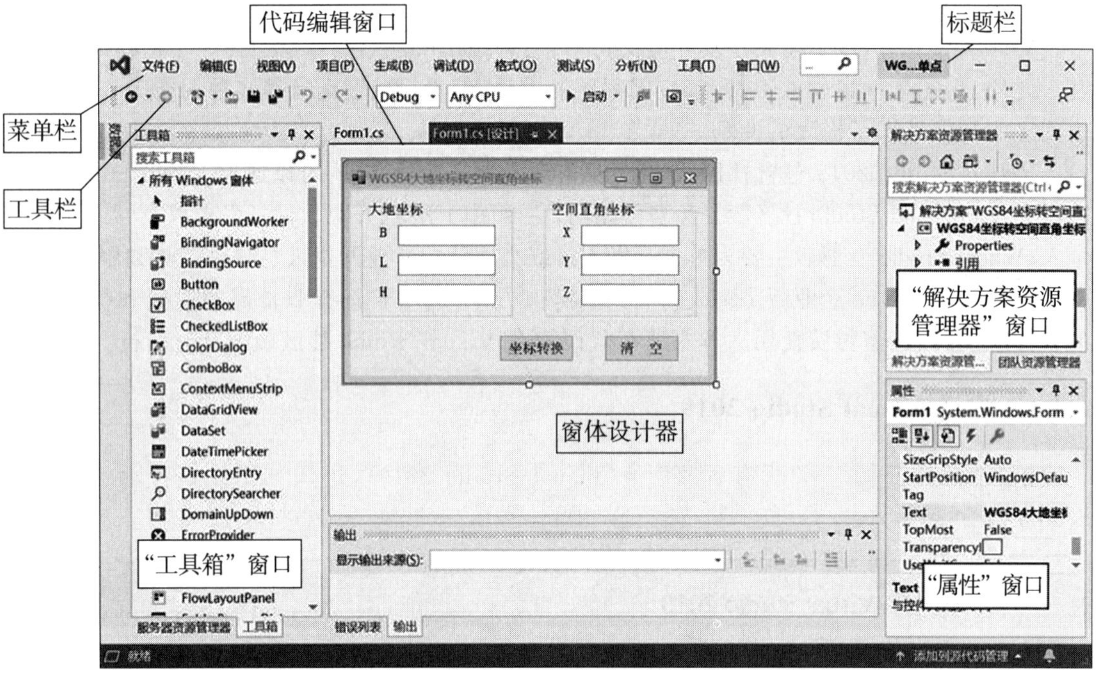

图 1.4 Visual Studio 2019 集成开发环境

1.标题栏

显示当前正在编辑的项目名称和正在使用的应用程序名称。

2.菜单栏

显示 Visual Studio 2019 所提供的一系列命令。

3.工具栏

以图标的形式显示常用的 Visual Studio 2019 命令。

4."工具箱"窗口

提供开发 Visual Studio 项目的各种控件。

5."解决方案资源管理器"窗口

显示解决方案、解决方案的项目及这些项目中的子项。解决方案是创建一个应用程序所需要的一组项目,包括项目所需的各种文件、文件夹、引用和数据等。通过"解决方案资源管理器"窗口可以打开文件进行编辑,添加新文件,以及插卡解决方案、项目和项目属性。

6."属性"窗口

显示和设置窗体、控件及对象的相关属性。

7.窗体设计器

用户可以在此窗口设计应用程序界面。

8.代码编辑窗口

编写、查看不同窗体或模块中的代码,并可以在它们之间进行复制、粘贴操作。

1.4.3 Visual Studio 2019 主窗口

Visual Studio 2019 主窗口主要包括标题栏、菜单栏和工具栏三部分(图 1.5)。

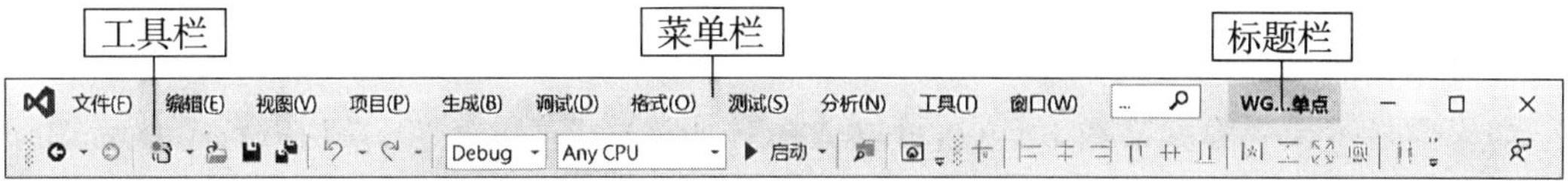

图 1.5 Visual Studio 2019 主窗口

1.标题栏

标题栏位于 Visual Studio 2019 窗口最顶部,与菜单栏位于同一行。标题栏显示当前的应用程序的图标和文件名,还包含最小化、最大化、关闭按钮以及快速搜索图框。

2.菜单栏

Visual Studio 2019 菜单栏默认有“文件(F)”“编辑(E)”“视图(V)”“项目(P)”“生成(B)”“调试(D)” “格式(O)”“测试(S)”“分析(N)”“工具(T)”“窗口(W)”等菜单命令,如图 1.5 所示。此外,Visual Studio 2019 菜单栏还会显示与当前正在执行的任务相关的内容。常用菜单的相关介绍如下。

(1)“文件(F)”菜单,提供“新建”“打开”“关闭”“保存”等一系列命令,还提供将当前项目导出为模板以及对当前文件进行页面设置和打印的功能。

(2)“编辑(E)”菜单,提供“复制”“粘贴”“剪贴”“删除”等常用命令,通过“撤销”命令可以退回到最后一步操作之前的状态,通过“重复”命令可以重复最后一步操作。

(3)“视图(V)”菜单,提供访问 Visual Studio 2019 中各种窗口和工具的命令,通过“视图(V)”菜单可以打开“解决方案资源管理器”“属性”“错误列表”“工具箱”等窗口,还可以通过“视图(V)”菜单控制各种工具栏的显示与隐藏以及窗口的显示方式等。

(4)“项目(P)”菜单,用于向应用程序添加“Windows 窗体”“用户控件”“组件”“类”等各种编程元素,还可以从项目中排除文件、显示所有文件,以及显示和修改项目属性等。

(5)“生成(B)”菜单,提供了“生成解决方案”等命令,实现项目独立于 Visual Studio 2019 集成开发环境运行。当项目修改后,可以进行重新生成。另外,还可以完成清理项目和发布项目的功能。

(6)“调试(D)”菜单,提供了在 Visual Studio 2019 集成开发环境下调试、定位以及纠正应用程序错误的命令。使用该菜单可以启动和停止运行应用程序,设置断点和异常,也可以通过它启动 Visual Studio 2019 编辑器,进行逐句调试或逐一过程调试等。

(7)“格式(O)”菜单,提供了排列窗体中控件及其格式化的命令,可以设置控件的对齐方式、大小、水平及垂直间距、控件在窗体中的位置和顺序等,也可以锁定某个控件以方便编辑。

(8)“测试(S)”菜单,提供了创建和编辑测试、管理测试、运行测试和使用测试结果等命令。

(9)“分析(N)”菜单,提供了性能探查、代码分析、计算代码度量值等命令。

(10)“工具(T)”菜单,提供了配置 Visual Studio 2019 集成开发环境的相关命令和链接到系统已经安装的外部应用程序的命令。

3.工具栏

为了方便、快捷地进行操作，菜单项中的一些常用命令按功能分组放入相应的工具栏中。通过工具栏可以快速地访问常用的菜单命令。

默认情况下，Visual Studio 2019 只显示“标准工具栏”，除常用的工具栏外，Visual Studio 2019 还提供了“格式设置”“类设计器”及“布局”等其他工具栏。其他工具栏的显示与隐藏取决于当前正在使用的设计器、工具或窗口，也就是说 Visual Studio 2019 只显示与当前正在执行的任务相关的工具栏。

如果要显示或者隐藏某些工具栏，可以选择“视图(V)”菜单→“工具栏”命令，然后选择菜单项中相应的工具栏名称，也可以在工具栏上单击鼠标右键，在弹出的快捷菜单中选择相应的工具栏名称。

1.4.4 “工具箱”窗口

“工具箱”窗口通常位于 Visual Studio 2019 窗口的最左边，其中存放了用于设计应用程序界面的控件。选择“视图(V)”菜单→“工具箱”命令，可以打开 Visual Studio 2019 的“工具箱”窗口，如图 1.6 所示。

Visual Studio 2019 的“工具箱”窗口是一个浮动的树控件，包含有“所有 Windows 窗体”“公共控件”“容器”等节点。其中，“所有 Windows 窗体”节点列出了所有的控件，如文本框、命令按钮、标签等，其他节点分类列出了相应的控件。各控件默认按字母顺序进行排列显示。

“工具箱”窗口有弹跳式和固定式两种操作方式。当窗体上的控件很多时，为了随时能方便地选择“工具箱”窗口中的控件，可以单击“工具箱”窗口标题栏中的大头针图标，当图标变为时，“工具箱”窗口变为固定式，不再弹回。此时，可以在窗体上对控件进行各种操作。完成窗体设计后，可以单击图标。

1.4.5 “解决方案资源管理器”窗口

Visual Studio 2019 中，项目是一个独立的编程单元，其中包含有窗体文件和其他多种相关文件，多个项目又一起组成了一个解决方案。选择“视图(V)”菜单→“解决方案资源管理器”命令，即可打开“解决方案资源管理器”窗口，如图 1.7 所示。

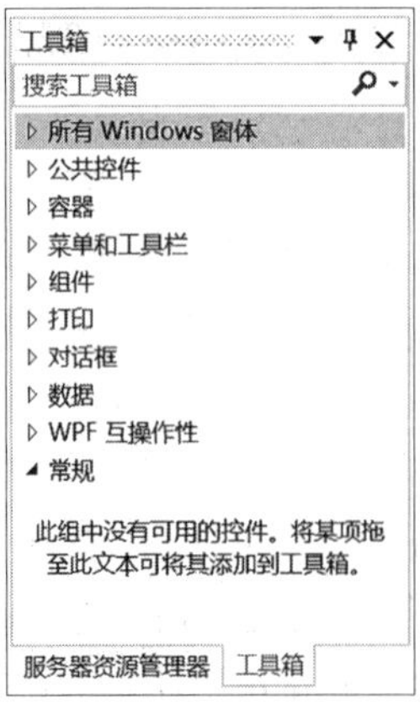

图 1.6 “工具箱”窗口

图 1.7 “解决方案资源管理器”窗口

Visual Studio 2019 中，所有包含 C＃代码的源文件（C＃源程序文件）都是以.cs 为扩展名，如图 1.7 中的“Form1.cs”和“Program.cs”。在“解决方案资源管理器”窗口中对其双击，就可以进行编辑。

1.4.6 “属性”窗口

在 Visual Studio 2019 中采用 C＃进行程序设计时，需要用到大量的对象，如窗体和控件。对象具有多种属性，通过“属性”窗口可以方便地设置对象的各种属性。“属性”窗口通常位于“解决方案资源管理器”窗口的下方。选择“视图(V)”菜单→“属性”命令，即可打开“属性”窗口，如图 1.8 所示。

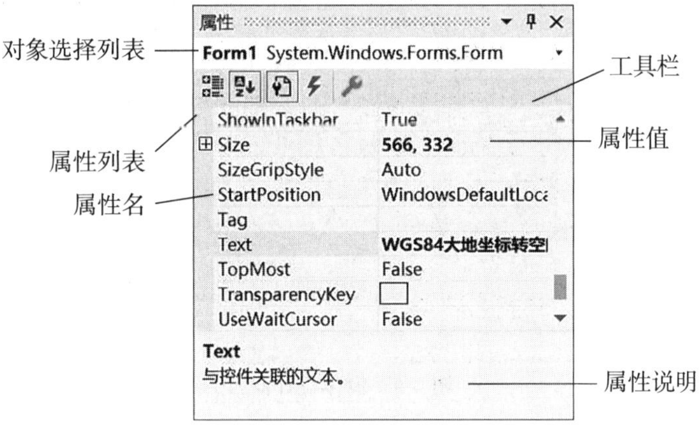

图 1.8 “属性”窗口

“属性”窗口包含对象选择列表、工具栏、属性列表和属性说明四部分，各部分说明如下。

1.对象选择列表

可以选择项目中存在的对象，选中对象的属性将显示在属性列表中。

2.工具栏

工具栏包含五个工具按钮，各工具按钮的功能说明如表 1.1 所示。

表 1.1 “属性”窗口的工具按钮及其功能说明

工具按钮	功能说明
	属性列表中的属性按类别排序显示
	属性列表中的属性按字母排序显示
	显示所选对象的属性列表
	显示所选对象的事件列表
	显示所选对象的属性页对话框

3.属性列表

属性列表分为左、右两栏，左侧是属性名，右侧是属性值。单击属性名或属性值都可以对选中的属性进行设置。属性列表中显示的内容会随着选定对象的不同而变化，从而可以方便地对不同属性进行设置。需要注意的是，“属性”窗口中呈灰色显示的属性为只读属性，不能进行设置。

4.属性说明

属性说明用于显示当前所选属性的说明信息。

1.4.7 窗体设计器

创建或者打开一个C#项目时，Visual Studio 2019集成开发环境的中间工作区域将会显示Windows窗体设计器，如图1.9所示。

窗体是一个容器，其中能够放置应用程序设计所需的所有控件、图形和图片，并可以随意改变大小或移动。C#应用程序的界面设计是以窗体为依托进行的。一个项目可以有多个窗体，但这些窗体必须有不同的名称，这样可以保证程序运行时不发生错误。默认情况下，窗体以"Form1""Form2""Form3"等进行命名，用户可以根据需要创建窗体新的名称。

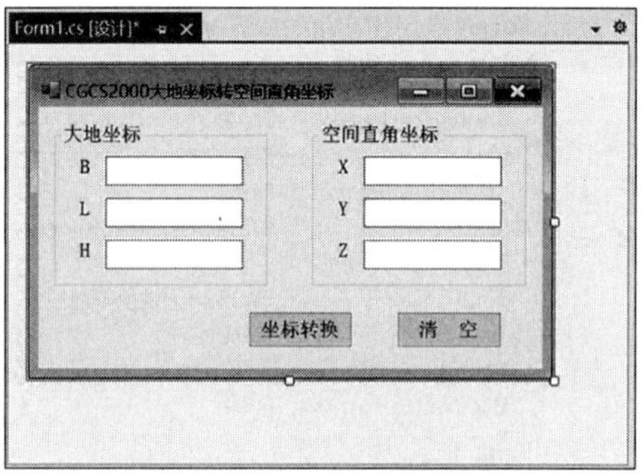

图1.9 窗体设计器

1.4.8 代码编辑窗口

代码编辑窗口专门用于程序的代码设计，各种事件过程、模块和类等源程序代码的编写和修改均在该窗口进行。每一个窗体都对应一个代码编辑窗口，如图1.10所示。通过以下四种方式均可以打开代码编辑窗口。

(1)选择"视图(V)"菜单→"代码"命令。

(2)按F7键。

(3)用鼠标左键双击窗体或者窗体上的任一控件。

(4)在窗体的任一控件上单击鼠标右键，在弹出的快捷菜单中选择"查看代码"命令。

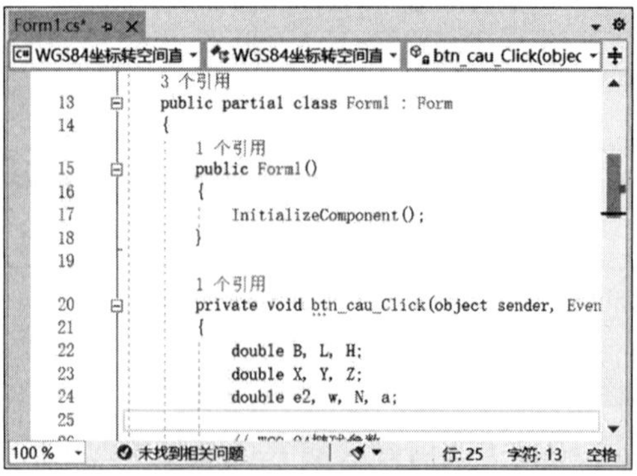

图1.10 代码编辑窗口

1.5 编辑器设计

Visual Studio 2019 中,用户可以根据自己的喜好配置个性化的开发环境外观及行为,具体的设置方法是选择“工具(T)”菜单→“选项”命令,打开“选项”对话框,如图 1.11 所示。

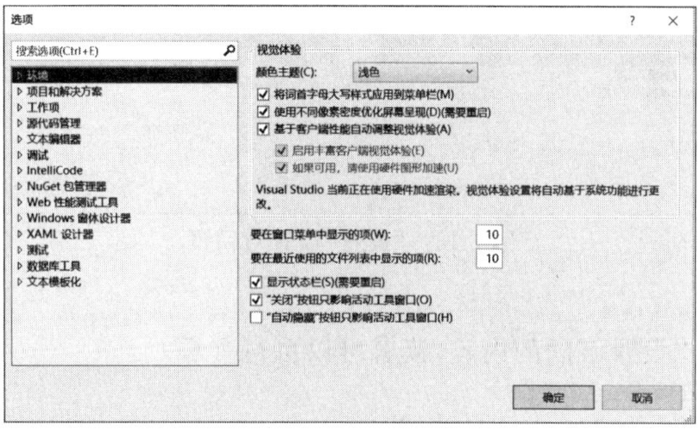

图 1.11 “选项”对话框

如图 1.11 所示,“选项”对话框分为左右两个部分,左侧是设置项目树状列表,右侧是与设置项目相对应的设置内容。设置项目包含“环境”“项目和解决方案”“工作项”等 14 个类别,每个类别又包含若干不同的内容。这里仅以“环境”“项目和解决方案”等选项为例进行介绍。

1.“环境”选项

“环境”选项主要用于设置 Visual Studio 2019 集成开发环境的外观,例如,通过“视觉体验”模块可以选择集成开发环境的颜色主题,通过“字体和颜色”选项可以设置文本编辑器的字体、大小等内容。图 1.12 显示的是“环境”选项中的“常规”设置内容。

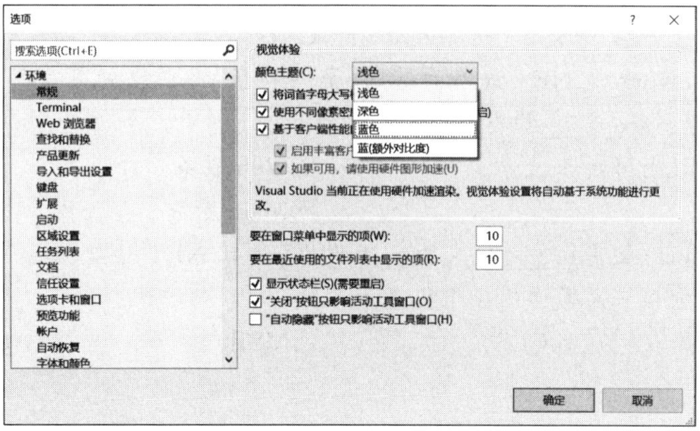

图 1.12 “颜色主题”设置对话框

2.“项目和解决方案”选项

“项目和解决方案”选项主要用于设置 Visual Studio 2019 项目和解决方案的相关内容。其中,“项目位置(P):”模块用于设置项目的保存位置,默认为“C:\Users\48984\source\repos”;“用户项目模板位置(R):”和“用户项模板位置(M):”模块分别用于设置用户项目模板位置和用户项模板位置,如图 1.13 所示。

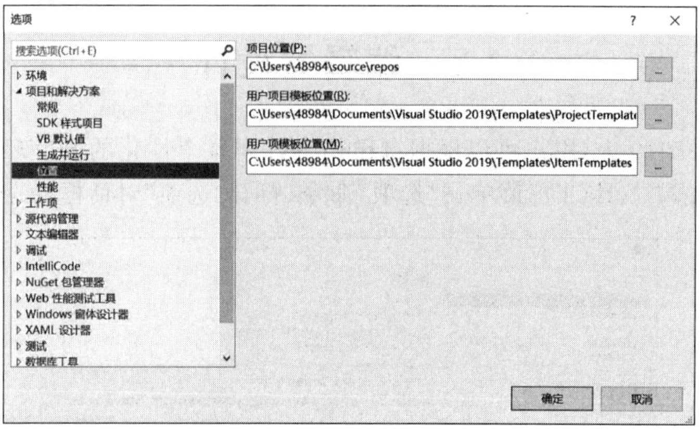

图 1.13 “位置”设置对话框

3.其他选项

其他选项分别用于设置不同的内容,读者可以自行查看。

习题一

一、选择题

1. C#是一种面向______的程序设计语言。
   A.计算机　　B.过程　　C.对象　　D.事物
2. Visual Studio 2019“工具箱”窗口的主要作用是______。
   A.显示指定对象的属性　　B.显示和管理所有的文件和项目设置
   C.编写程序代码　　D.提供开发 Visual Studio 项目的各种控件
3. C#源程序文件的扩展名是______。
   A..VB　　B..c　　C..cs　　D..s
4. .NET Framework 是.NET 战略的基础,是一种新的、便捷的开发平台,它具有两个主要的组件,分别是______和类库。
   A.公共语言运行环境　　B.Web 服务
   C.命名空间　　D.Main 函数
5. .NET Framework 将______定义为一组规则,所有.NET 语言都应该遵守这个规则才能创建与其他语言互操作的应用程序。
   A.JTI　　B.CLS　　C.MSIL　　D.ADO.NET

二、简答题

1.简述 C#测绘程序设计的基本流程。

2.C#语言有哪些主要特点?

3.什么是.NET Framework?

第2章　简单的C#应用程序

Visual Studio 2019平台中，使用C#可以创建各种类型的应用程序，本章主要应用实例介绍控制台应用程序和Windows窗体应用程序的创建过程。

2.1　控制台应用程序创建

在DOS操作系统中运行的程序被称作DOS程序。在Windows 2000及以后的操作系统中，DOS操作系统运行以后是作为Windows操作系统的一个任务存在的，在这个任务中运行的程序被称作控制台应用程序。

2.1.1　控制台应用程序创建示例

下面举例说明使用C#创建控制台应用程序的基本步骤。

【例2.1】创建一个控制台应用程序，在控制台窗口中输出“C#测绘程序设计基础!”字样。

其具体创建过程如下。

(1)创建项目。

单击“文件(F)”菜单→“新建”→“项目”，或者在软件“起始页”直接单击“创建新项目”，打开“创建新项目”对话框。在对话框右侧中间位置选择“控制台应用(.NET Framework)”，输入项目名称“例2.1”，项目保存位置为默认路径，单击“下一步(N)”按钮(该按钮为默认按钮)，再单击“确定”按钮。

(2)编辑C#源代码。

完成上一步后，进入如图2.1所示的代码编辑窗口，并在代码编辑器中输入如下代码。

```
using System;
namespace 例2.1            //命名空间
{
    class Program          //Program类
    {
        static void Main(string[] args)     //程序主入口
        {
            Console.WriteLine("C#测绘程序设计基础!");  //此处为需要编写的代码
        }
    }
}
```

(3)保存项目。

单击工具栏上的保存按钮，或者单击“文件(F)”菜单→“保存Program.cs”，即可将文件保存。

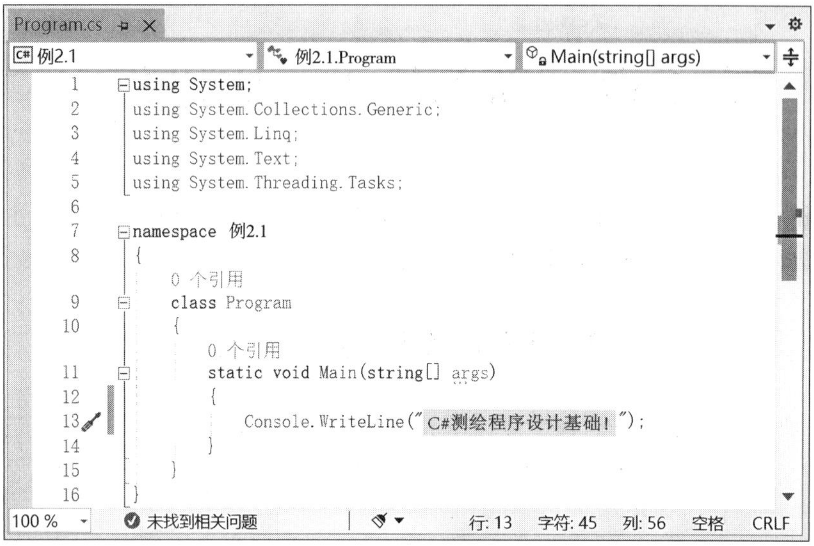

图 2.1 代码编辑窗口

(4)编译项目。

单击“生成(B)”菜单→“生成 例 2.1”，系统开始编译项目，“输出”窗口显示当前编译的信息，同时输出编译和链接的结果，如图 2.2 所示。

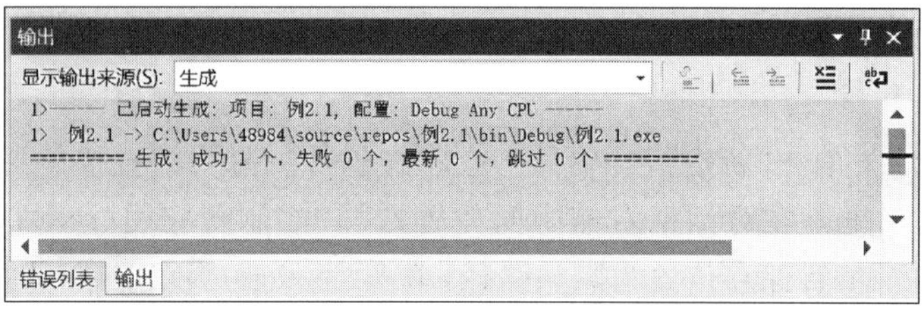

图 2.2 “输出”窗口

(5)运行程序。

编译成功后，单击“调试(D)”菜单→“开始执行(不调试)”，程序开始执行，并在控制台窗口显示如图 2.3 所示的程序运行结果。当按键盘上的任意键后，控制台窗口关闭。

2.1.2 控制台应用程序的项目组成

控制台应用程序的项目组成全部显示在“解决方案资源管理器”窗口中(图 2.4)，主要包含“Properties”“引用”和“Program.cs”三部分。

“Properties”部分为项目属性文件夹，其中一般只有一个 AssemblyInfo.cs 文件，用于保存程序集的名称、版本等信息，这些信息一般与项目属性面板中的数据对应，不需要手动编写。

“引用”文件夹中列出了项目所引用的命名空间，包括 System、System.Core、System.Data、System.Data.DataSetExtensions 等。C＃是一种面向对象程序设计语言，设计一个程序就是设计一个或多个类。为了避免自己设计的类与系统中的类重名，且每个程序都包含在默认的命名空间中，默认命名空间和项目名相同，例如本例的默认命名空间为“例 2.1”。

“Program.cs”文件是 C＃程序文件，其中存放应用程序的源代码，扩展名为.cs。

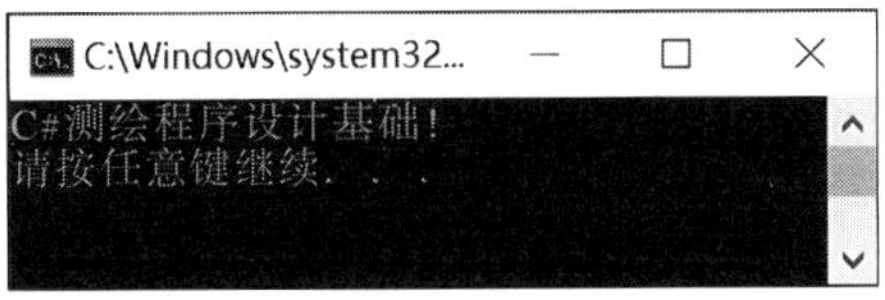

图 2.3　程序运行结果

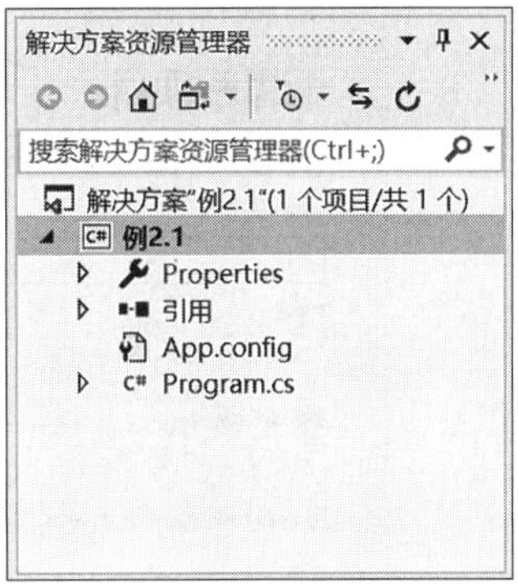

图 2.4　控制台应用程序的项目组成

2.2　Windows 窗体应用程序创建

Windows 窗体应用程序是指在用户计算机上运行的客户端应用程序，其通过图形方式进行人机交互，程序的操作类似于使用 Windows 操作系统。

2.2.1　Windows 窗体应用程序创建示例

下面举例说明使用 C# 创建 Windows 窗体应用程序的基本步骤。

【例 2.2】创建一个 Windows 窗体应用程序，实现角度转弧度的计算功能。

其具体创建过程如下。

(1)创建项目。

单击"文件(F)"菜单→"新建"→"项目"，打开"创建新项目"对话框，如图 2.5 所示。在对话框中间位置选择"Windows 窗体应用(.NET Framework)"，单击"下一步(N)"按钮，进入"配置新项目"对话框，如图 2.6 所示。在"项目名称(N)"中，输入"例 2.2"，"位置(L)"为默认，选择"将解决方案和项目放在同一目录中(D)"(该选项为默认选项)，单击"创建(C)"按钮，即可完成项目的创建。

图 2.5　"创建新项目"对话框

(2)设计用户界面。

完成上一步后，进入图 2.7 所示的项目设计界面，进行用户界面设计。

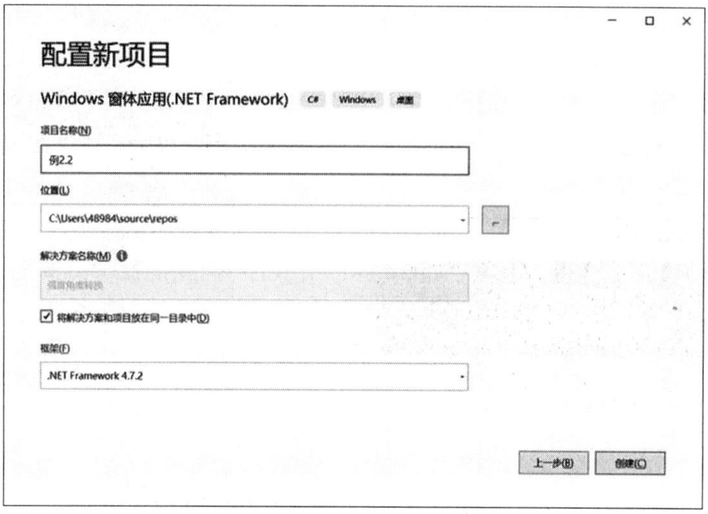

图 2.6 “配置新项目”对话框

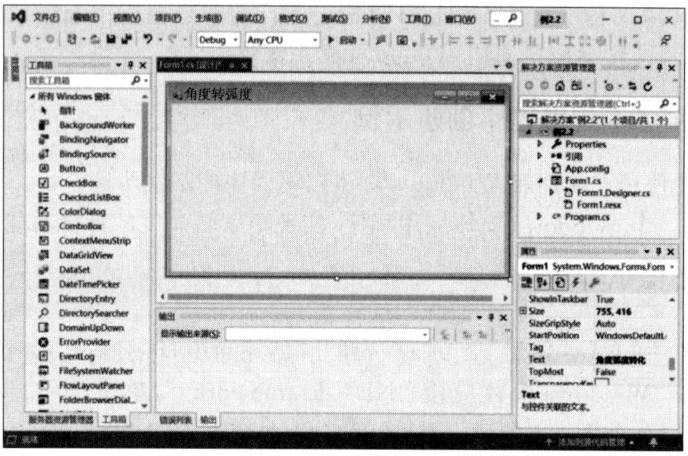

图 2.7 项目设计界面

用户界面设计主要包括以下七个步骤。

——更改窗体 Form1 的标题名。

选择窗体 Form1,查看“属性”窗口,将 Text 属性值设置为“角度转弧度”。

——调整窗体大小。

调整窗体大小至合适的比例。

——添加分组框控件,调整其大小和位置。

展开“工具箱”窗口的“公共控件”选项卡,双击 GroupBox 控件,为窗体添加一个分组框控件 groupBox1,调整控件对象的大小和位置。

——添加文本框控件,调整其大小和位置。

展开“工具箱”窗口的“公共控件”选项卡,双击 TextBox 控件,为窗体添加一个文本框控件 textBox1。以同样的方式在窗体上再添加三个文本框控件对象,调整各个控件对象的大小和位置。

——添加标签控件,调整其大小和位置。

从“工具箱”窗口的选项卡中,选择 Label 控件,将其添加到窗体上,默认名称为 label1。

采用同样的方式在窗体上再放置四个标签控件对象，调整各个控件对象的大小和位置。

——添加命令按钮控件，调整其大小和位置。

从“工具箱”窗口的选项卡中，选择 Button 控件，为窗体添加一个命令按钮控件 button1，调整控件对象的大小和位置。设计好的用户界面如图 2.8 所示。

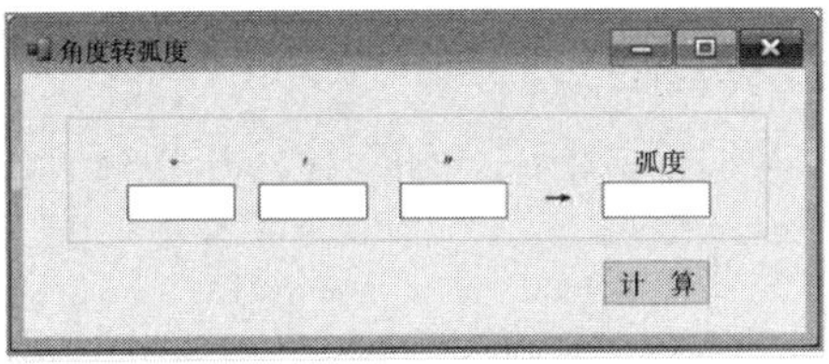

图 2.8　设计好的用户界面

——设置控件的属性。

依次对窗体上各个控件的属性进行设置，各控件的属性设置如表 2.1 所示。

表 2.1　控件属性设置

控件类型	属性	属性值	控件名称	属性	属性值
GroupBox	Name	gbx_sym	groupBox1	Text	空
TextBox	Name	tbx_angd	textBox1	Text	空
	Name	tbx_angf	textBox2	Text	空
	Name	tbx_angm	textBox3	Text	空
	Name	tbx_angr	textBox4	Text	空
Label	Name	lbl_angd	label1	Text	°
	Name	lbl_angf	label2	Text	′
	Name	lbl_angm	label3	Text	″
	Name	lbl_sym	label4	Text	→
	Name	lbl_angr	label5	Name	弧度
Button	Name	btn_calculate	button1	Text	计算

(3)编写代码。

在窗体中空白处单击鼠标右键，选择“查看代码”进入代码编辑窗口，如图 2.9 所示。

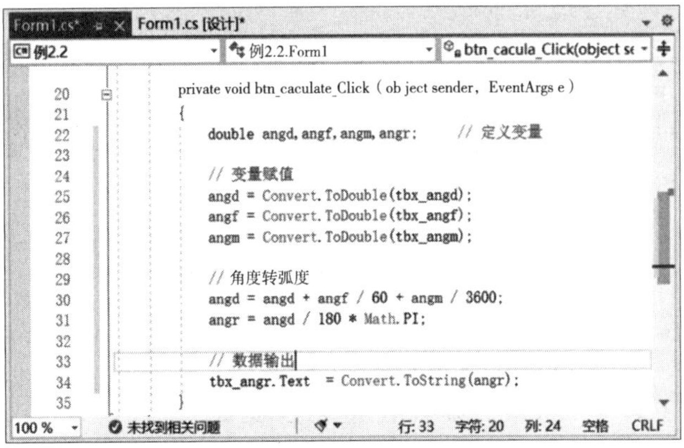

图 2.9　代码编辑窗口

编写代码如下。

```
using System;
using System.Windows.Forms;

namespace 角度转弧度
{
    public partial class Form1:Form
    {
        public Form1()
        {

            InitializeComponent();
        }

        private void btn_calculate_Click(object sender, EventArgs e)
        {

            double angd,angf,angm,angr;      //定义变量

            //变量赋值
            angd=Convert.ToDouble(tbx_angd.Text);
            angf=Convert.ToDouble(tbx_angf.Text);
            angm=Convert.ToDouble(tbx_angm.Text);

            //角度转弧度
            angd=angd+angf/60+angm/3600;
            angr=angd/180*Math.PI;

            //数据输出
            tbx_angr.Text  =Convert.ToString(angr);
        }

    }
}
```

代码中,btn_calculate_Click ()事件过程是代码的核心,其作用是先将文本框中的字符串转换成双精度数值型,然后完成角度值的计算,最后进行角度转弧度的计算,并将结果显示在文本框 tbx_angr 中。

(4)运行程序。

单击工具栏中"启动"按钮或者按 F5 键即可运行程序,程序运行结果如图 2.10 所示。

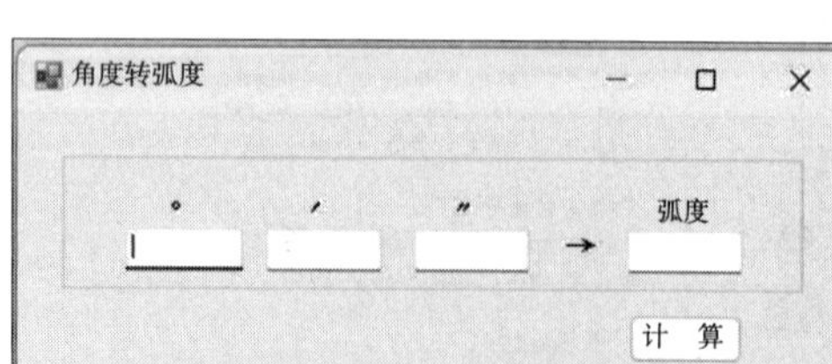

图 2.10 程序运行结果

2.2.2　Windows 窗体应用程序的项目组成

Windows 窗体应用程序的项目组成包含“Properties”“引用”“Form1.cs”和“Program.cs”四部分，如图 2.11 所示，全部显示在“解决方案资源管理器”窗口中。

图 2.11　Windows 窗体应用程序的项目组成

“Properties”部分包含 AssemblyInfo.cs 文件、Resources.resx 文件和 Setting.settings 文件，其中 AssemblyInfo.cs 文件用于保存程序集的相关信息，Resources.resx 文件用于保存项目中的资源文件，Setting.settings 文件用于保存项目设置文件。

“引用”部分包含本项目所引用的命名空间。

“Form1.cs”包含 Form1 窗体的 C# 设计代码，其中 Form1.Designer.cs 文件是根据用户的设计操作自动生成的代码，Form1.resx 文件是资源。如果一个项目有多个窗体，每个窗体像“Form1.cs”一样包含对应的 C# 设计代码。

“Program.cs”是 C# 程序文件定义的 Program 类，其中包含应用程序的主入口点 Main 方法。

Windows 窗体应用程序的大部分文件都是由系统自动生成的，通常可以不予理会，只需要通过窗体设计改变相关内容。

2.2.3　Windows 窗体应用程序的组成

Windows 窗体应用程序是由一个个窗体组成的，每个窗体实现一定的功能。C# 中，一个窗体就是一个类，每个窗体类由若干属性和方法组成。

以例 2.2 为例，Form1 类是从 Form 类派生的，它包含构造函数 Form1()和事件过程 btn_calculate_Click()。构造函数 Form1()通过调用父类 Form 的 InitializeComponent 方法生成标签、文本框以及命令按钮等控件的可视化对象代码。事件过程 btn_calculate_Click()在单击“计算”命令按钮时执行。

习题二

一、简答题

1.简述控制台应用程序和 Windows 窗体应用程序的主要区别。

2.简述创建控制台应用程序的一般过程。

3.简述创建 Windows 窗体应用程序的一般过程。

二、编程题

编写 Windows 窗体应用程序，实现弧度转角度的功能，程序运行界面如图 2.12 所示。

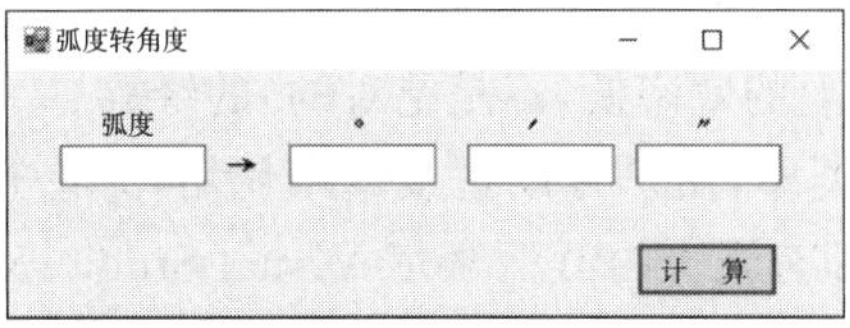

图 2.12　“弧度转角度”程序运行界面

第3章　C#语言基础

3.1　C与C#

C通常是学习者接触的第一门编程语言，其重点在于算法和数据结构。C程序设计首要考虑的是如何通过一个过程，对输入（或环境条件）进行运算处理得到输出（或实现过程与事务控制）。C#是面向对象的程序设计语言，面向对象的思想与方法是C#的基本特征。C作为最典型的结构化软件设计语言之一，具有规范、简洁的语法、硬件访问以及函数技术等很多优良的品质。

3.1.1　C与C++

C是面向过程的编程语言，主要用来编写操作系统、单片机程序、底层操作软件（与硬件关系较大的）。它适合作为系统描述语言，可用来编写系统软件，也可用来编写应用软件。虽然语法相对烦琐，但在对硬件的底层编程和对内存管理的灵活性方面是其他高级语言所不可及的。

C是结构化编程的典型代表，在其原来结构化开发的基础上增加类，就变成了C++，所以可以说C++是带类的C。C的应用非常广泛，无论是Windows还是Linux、UNIX以及macOS等操作系统，都可用C开发程序。UNIX系统中90%的代码是用C开发的，其余是汇编语言等。

C的不足之处在于它非常灵活，不易掌握。据说微软公司培养一名C程序开发人员需要两年左右的时间。另外，如果单用C而不用C++开发视窗系统，也是很困难的。

3.1.2　C、C++与C#

有一种有趣的说法，“C添两个+号，就是C++，再添加两个+号，就成了C#（四个+可以组成#）”。还有一种说法，将C、C++、C#比作祖孙三代。从这些形象的比喻中，应该能体会到从C到C#的变化过程。

现代的大部分语言都或多或少借鉴了C++和C的某些特性。C#被构建在.NET平台下，是一种面向对象、面向网络、面向组件的语言，有很多地方与Java非常相似，擅长开发网络方面的程序。因此，更确切地说，C#是一种需.NET平台支持的开发语言，单纯看C#没有意义，需要了解.NET平台的开发知识。

从编译角度看，C、C++编译生成的目标文件都是可被CPU直接理解的本机代码，而C#编译后生成的是MSIL（Microsoft Intermediate Language），这种语言不能直接被CPU执行，而是依靠.NET Framework翻译成操作码后再送到CPU执行。因此，这也是前文为什么说C#运行效率最低（平均意义上的效率低，不是绝对的）的缘故。

C#内部封装了巨量的类库，用户可以直接拿来使用，无论开发Windows应用程序还是Web程序，都十分方便。其拥有强大的IDE环境Visual Studio.NET。C#代表了编程语言的发展方向，有资料称微软公司下一代操作系统80%的代码都是用C#来写的。

C＃基本上放弃了C的指针，语法基本没有区别。首先C＃不必对指针进行太多的研究，其次是具有可移植性。

C＃与C的语法大致相同，不同之处将在下面举例说明。

例如，在C和C＃中分别声明数组如下。

```
int array1[5];                    //在 C 中声明一维数组
int array2[3][4];                 //在 C 中声明二维数组

int[]array1=new int[5];           //在 C# 中声明一维数组
int[,] array2=new int[3,4];       //在 C# 中声明二维数组
int[][] array3=new int[3][];      //在 C# 中声明不规则数组
```

可见，在C＃中声明数组的方式和在C中声明数组的方式是不一样的。在C＃中声明数组时，方括号[]必须跟在数据类型后面，而不是标识符，若将[]放在标识符后则是不合法的语法。另外，C＃中数组的大小不是其类型的一部分，而在C中它却是数组类型的一部分。C＃还允许建立不规则数组，而C则无法建立。

C＃的缺点是用它编写Windows窗体应用程序时，存在着代码易被解密的风险。

有的同学会有疑问：学习C＃是不是必须有C、C＋＋的基础？其实并非如此，C＃是一门独立的语言，作为初学者，没有必要先去学习C或C＋＋，只需要从零开始接触C＃就可以了。不过，如果学习过C或C＋＋，那么再学习C＃时往往会事半功倍，因为它们之间有很多语法是一样的。

C＃程序由一系列语句组成，这是为了完成一项任务或解决特定的问题。程序设计是给出解决特定问题程序的过程，是软件构造活动的重要组成部分。在编写C＃程序之前，必须了解它的一些基本要素，包括标识符、关键字、程序结构、数据类型、变量、常量、运算符和表达式等。此外，还需要了解C＃中提供的一些常用的类和结构的使用方法。

3.2 标识符和关键字

3.2.1 标识符

标识符是C＃程序中用户定义的有意义的名称，用以识别程序中的不同元素，例如变量名、函数名和类名等。

C＃标识符的命名必须遵守以下规则。

(1)标识符只能由数字、字母和下划线组成，且第一个字符必须为字母或下划线。

(2)标识符中不能包含空格、标点符号、运算符等其他符号。

(3)标识符区分大小写。

(4)标识符不能与C＃的关键字和类库同名。

C＃标识符的用法约定具体如下。

(1)命名变量时，通常不使用前缀。

(2)变量名应当体现其功能，而非变量的类型。

(3)对控件进行命名时，通常使用控件类型加功能的驼峰形式，例如txt_result、btn_clear，这里：txt表示TextBox控件，result表示其功能是显示结果；btn表示button控件，clear表示

其功能是清除。

(4)标识符的命名风格应尽量保持一致,例如,一个方法命名为 Show_ConfirmationDialog,另一个最好命名为 Show_WarningDialog。

3.2.2 关键字

关键字是对编译器具有特定意义的预定义保留标识符。它们在程序中不能用作标识符,除非加一个前缀@。例如,@if 是有效的标识符,但 if 不是,因为 if 是关键字。

C#中有 76 个关键字,具体如下。

abstract	as	base	bool	break	byte
case	catch	char	checked	class	const
continue	decimal	default	delegate	do	double
else	enum	event	explicit	extern	false
finally	fixed	float	for	foreach	goto
if	implicit	in	int	interface	internal
is	lock	long	namespace	new	null
object	operator	out	override	params	private
protected	public	readonly	ref	return	sbyte
sealed	short	sizeof	stackalloc	static	string
struct	switch	this	throw	true	try
typeof	uint	ulong	unchecked	unsafe	ushort
using	virtual	void	while		

3.3 C#程序结构

C#程序结构的关键概念为程序(program)、命名空间(namespace)、类型(type)、成员(member)和程序集(assembly)。每一个 C#程序都由一个或多个源文件组成,每个源文件又包含零个或零个以上的命名空间。一个命名空间除了可以包含其他命名空间,还包含类、结构、接口、枚举、委托等类型。程序声明类型,而类型则包含成员,并被组织到命名空间中。类和接口是类型的例子,字段、方法、属性和事件是成员的例子。程序集通常具有文件扩展名.exe或.dll,具体取决于它们是实现应用程序(application)还是实现库(library)。下面是一个命名空间(namespace)的具体例子。

程序代码如下。

```
using System;
namespace 例 2.1                                //命名空间
{
    class Program                               //Program 类
    {
        static void Main(string[] args)         //程序入口
        {
```

```
            Console.WriteLine("C#测绘程序设计基础!");
        }
    }
}
```

3.3.1　C#程序的组成要素

C#程序的组成要素包括关键字、命名空间、类和方法、语句及大括号等。

1.关键字

关键字在 Visual Studio 集成开发环境的代码视图中默认显示为蓝色，因而在编辑器中用户可以通过颜色识别该元素是不是关键字。例如，代码中的 using、class、static 等均为 C#的关键字。

2.命名空间

Visual Studio 通过命名空间把类划分成不同的组，并将功能相近的类划分到相同的命名空间中。命名空间类似于计算机磁盘的目录结构，分层进行文件的组织。根据命名空间，用户可以在程序中方便地使用各个类。

命名空间分为系统命名空间和用户自定义命名空间两种。

系统命名空间使用 using 关键字导入。命名空间 System 是.NET 类库的根命名空间，根据功能又可以分为若干子命名空间，如 System.Collections、System.Drawing、System.Windows 等。创建项目时，Visual Studio 会自动导入部分常用的 System 命名空间，并放在代码的起始处。

用户创建自定义命名空间时，应该遵循良好的命名空间命名习惯，推荐使用"公司名称.技术名称"的命名原则。例如，Microsoft.Word 命名空间就符合此原则。

3.类和方法

C#中使用类组织程序的方法。例如，每个 C#程序都有一个入口点，命名为 Main 方法，Main 方法放在某一个类中。

4.语句

语句是 C#程序中执行操作的命令，一条语句就是执行一个动作的命令。C#语句必须以";"结尾。

例如：

```
Console.WriteLine("C#测绘程序设计基础!");
```

5.大括号

C#中，大括号"{}"用于标识应用程序中逻辑上有紧密联系的一段代码的开始和结束。它既是代码的范围标志，也是一种组织程序代码的方法。大括号可以嵌套使用，以区分应用程序中不同的层次。

例如：

```
private void textBox5_TextChanged(object sender,EventArgs e)
{
    if(Convert.ToDouble(textBox5.Text)>180)
    {
      MessageBox.Show(this,"角度值必须在 0°~360°");
    }
}
```

3.3.2 C＃程序的格式

C＃程序代码的书写格式通常需要从以下三个方面进行综合考虑。

1.缩进与空格

缩进可以清晰地表示代码的层次结构，程序设计中尽量使用统一的缩进格式书写代码。

空格有两种作用：一种是语法要求，必须遵守；另一种是避免语句拥挤。

例如：

```
const double Pi=3.1415926;
```

2.字母大小写

C＃中的字母可以大小写混合，但系统会把同一字母的大小写分别作为两个不同的字符对待。

例如：A 和 a，对于 C＃来说，它们是两个不同的字符。

3.注释

程序设计过程中，明了清晰的注释对于提高程序的可阅读性与可理解性至关重要。注释不宜太多，也不能太少，注释语言必须准确、易懂、简洁。C＃中常用的注释形式有三种：单行注释、多行注释和长段注释。

（1）单行注释。

以双斜线“//”开始，不能换行，注释内容以绿色表示，以便同其他代码区分。

例如：

```
//设置用户信息
private void button1_Click(object sender,EventArgs e)
{
    string strUser="";        //定义变量
    strUser=textBox1.Text;        //给变量赋值
}
```

（2）多行注释。

一般用在类、结构体的前面，以三斜线“///”开始，描述该类、结构体的作用，使用到的变量，以及使用时的注意事项和引用位置等。

例如：

```
///<summary>
///定义平面坐标
///<summary>
public struct Point
{
    public List<float>X;
    public List<float>Y;
    public List<float>H;
}
```

（3）长段注释。

使用一大段文字描述较多的信息，可以用于介绍程序的需求、版本的更新等内容。长段注释以“/＊ ”开始，以“ ＊/”结束，可以换行。

例如：

```
/*
 * 程序需求：
 * 客户要求程序能够记录不同时刻监测站点的平面位置和高程信息，并能够
 * 按日期进行排序；
 * 能够自动生成报表，并存储为 Excel 和图片格式。
 */
/* 版本 V1.00，修改时间为 2019 年 10 月 1 日，修改内容为新增站点位置信息变量。
 * 版本 V1.01，修改时间为 2020 年 2 月 5 日，修改内容为根据客户要求修改界面。
 */
public Form1()
{
    InitializeComponent();
}
```

3.4 数据类型

现实生活中，数据多种多样，包含整数、小数、字符串、字符等多种类型。在计算机中使用这些类型的数据时，必须在内存中为它们开辟一块合适的空间。C# 中数据类型主要分为值类型和引用类型两大类，具体如图 3.1 所示。

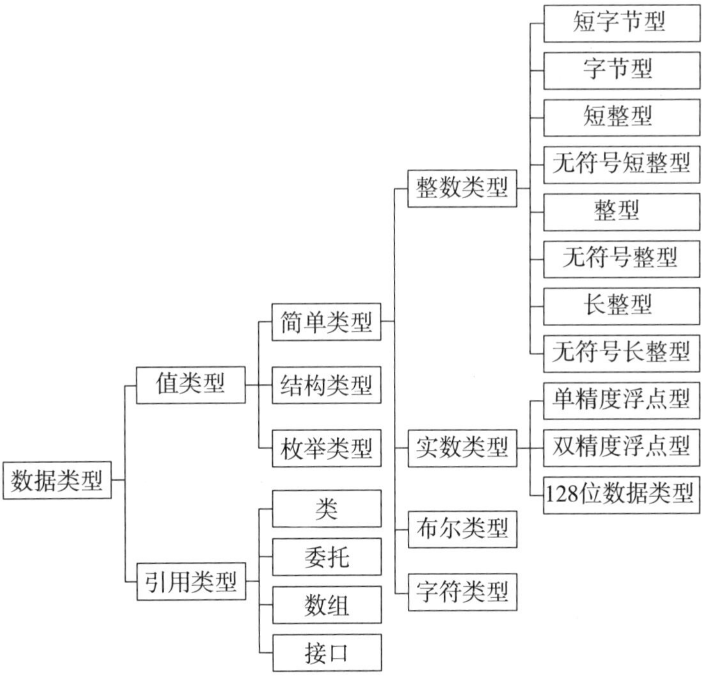

图 3.1 C# 数据类型

C# 的基础数据类型并不是内置于 C# 中，而是内置于.NET Framework 中。例如，C# 中声明一个整型(int)的数据时，声明的实际上是.NET 结构 System.Int32 的一个实例。C# 所有的数据类型都可以看作是包含某些方法的类。

3.4.1 值类型

C#中值类型直接存储数据，如字节型(byte)、短整型(short)、整型(int)、单精度浮点型(float)、128位数据类型(decimal)、字符类型(char)等。值类型变量声明后，不管是否已经赋值，编译器都会为其分配内存。值类型可以分为简单类型、结构类型(struct)和枚举类型(enum)。

简单类型是C#中无法再分解的一种具体类型。从计算机表示的角度看，简单类型又可以分为整数类型、实数类型、字符类型和布尔类型。

1.整数类型

整数类型变量的值为整数。数学中的整数可以从负无穷大到正无穷大，而计算机的存储单元是有限的，所以计算机语言提供的整数类型的值都在一定范围之内。

依据变量在内存中所占的二进制位数和是否含有符号位，整数类型又可以分为短字节型(sbyte)、字节型(byte)、短整型(short)、无符号短整型(ushort)、整型(int)、无符号整型(uint)、长整型(long)和无符号长整型(ulong)。每一种类型在内存中所占二进制位数不同，其数值的取值范围也不相同。所占的二进制位数越多，表示数值的取值范围越大。位数是按照2的指数幂来定义的，如8位整数，则表示2的8次方，即256个不同的数值。如果表示带符号8位整数(sbyte)，其取值范围就是－128～127；如果表示无符号8位整数(byte)，其取值范围就是0～255。各整数类型及其取值范围如表3.1所示。

表3.1 整数类型及其取值范围

数据类型	特征	取值范围
sbyte	有符号8位整数	－128 ～ 127
byte	无符号8位整数	0 ～ 255
short	有符号16位整数	－32 768 ～ 32 767
ushort	无符号16位整数	0 ～ 65 535
int	有符号32位整数	－2 147 483 648 ～ 2 147 483 647
uint	无符号32位整数	0 ～ 4 294 967 295
long	有符号64位整数	－9 223 372 036 854 775 808 ～ 9 223 372 036 854 775 807
ulong	无符号64位整数	0～18 446 744 073 709 551 615

2.实数类型

数学中的实数既包括整数，又包括小数。小数在C#中采用单精度浮点型(float)和双精度浮点型(double)两种数据类型表示，其区别在于取值范围和精度不同。程序中大量使用double，将会占用更多的内存单元，计算机的处理速度也相对较慢，因此在精度要求不是很高的浮点计算中，最好采用float；如果精度要求很高，可以采用double。

为了方便金融和货币方面的计算，C#专门定义了一种128位数据类型(decimal)。decimal数值的取值范围比double数值的范围要小得多，但它更精确。各实数类型及其取值范围如表3.2所示。

表 3.2 实数类型及其取值范围

数据类型	特征	取值范围
float	单精度浮点数	$\pm 1.5 \times 10^{-45} \sim 3.4 \times 10^{38}$，精度为 7 位有效数字
double	双精度浮点数	$\pm 5.0 \times 10^{-324} \sim 1.4 \times 10^{308}$，精度为 15～16 位有效数字
decimal	固定精度浮点数	$1.0 \times 10^{-28} \sim 7.9 \times 10^{28}$，精度为 28～29 位有效数字

当定义一个 decimal 变量并赋值给它时，使用后缀 m 表明它是一个十进制类型。

例如：

```
decimal d_value=10m;
```

如果省略了后缀 m，在变量被赋值之前，编译器会将其当作 double 变量进行处理，这将导致数据类型的不匹配。

3.字符类型

C#中字符类型采用国际上公认的 16 位 Unicode 字符集表示，取值范围是“\u0000” ～ “\uFFFF”，即 0 ～ 65 535。例如，可以采用如下的方式为字符变量赋值。

```
char c='H';          //定义字符变量 c,为其赋值字符 H
char c='\x0048';     //定义字符变量 c,为其赋值字符 H,\x 表示十六进制转义符
char c='\u0048';     //定义字符变量 c,为其赋值字符 H,\u 表示 Unicode 表示形式
char c='\r';         //定义字符变量 c,\r 表示回车
```

表示一个字符常数时，单引号内的有效字符数量只能是一个，而且不能是单引号或者反斜杠(\)。

为了表示单引号和反斜杠等特殊的字符常数，C#提供了转义符。需要表示特殊常数的地方，可以使用转义符代替字符。C#中常用的转义符如表 3.3 所示。

表 3.3 C#中常用的转义符

转义符	字符名	转义符	字符名
\'	单引号	\f	换页
\"	双引号	\n	新行
\\	反斜杠	\r	回车
\0	空字符(null)	\t	水平制表符
\a	警告(产生蜂鸣)	\v	垂直制表符
\b	倒退一个字符		

4.布尔类型

布尔类型数据用于表示逻辑真和逻辑假，数据范围只有“true”(真)和“false”(假)。布尔类型数据主要在程序流程控制中使用，通过读取或设定布尔类型数据的方式控制程序的执行方向。

3.4.2 引用类型

引用类型又称参考类型，和值类型相比，引用类型不直接存储数据，而是存储对数据的引用。换句话说，值类型的内存空间存储的是实际数据，而引用类型的内存空间存储的是一个指针，该指针指向存储数据的内存空间。

由此可见，值类型的内存占用相对较小，访问速度相对较快；引用类型的内存占用相对较大，访问速度相对较慢。引用类型包括类(class)、接口(interface)、委托(delegate)和数组(array)。此处仅介绍C#中常用的对象(Object)类和字符串(String)类。

1.Object 类

Object 类是C#中所有类型(包括值类型和引用类型)的基类，C#中所有类型都直接或者间接地从 Object 类中继承而来。因此，对于一个 Object 类可以赋给任何类型的值。

例如：

```
double dd=1.23;
object obj1;                               //定义 Object 类对象
obj1=dd;
object obj2="Surveying and Mapping";       //定义 Object 类对象并赋值
```

对于 Object 类的声明采用 object 关键字，它是在.NET Framework 的命名空间System中定义的，是类 System.Object 的别名。

2.String 类

String 类专门用于对字符串的相关操作，它同样是在.NET Framework 的命名空间 System 中定义的，是类 System.String 的别名。

String 类的应用非常广泛，利用 String 类中封装的各种方法，可以很容易地完成对字符串的相关处理。String 类的详细介绍参见 3.7.1 小节。

3.4.3 类型转换

数据类型在一定条件下是可以相互转换的，比如可以将 int 型数据转换为 double 型数据。C#允许使用隐式转换和显式转换两种转换方式。

1.隐式转换

隐式转换是系统默认的不需要加以声明就可以自动执行的数据类型转换。在隐式转换过程中，编译器不需要对转换进行详细检查就可以安全执行。隐式转换的基本原则是允许数值范围小的类型向数值范围大的类型转换，允许无符号整数类型向有符号整数类型转换，即“由低级(字节数和精度)类型向高级类型转换，结果为高级类型”的原则。

例如：

```
string a;
a=10+"20";          //整型数据 10,隐式转换为字符串"10",a 的结果为 1020;
double x=3.1415;
int y=120;
double z=x+y;      //整型数据 y,隐式转换为实数类型 120.0,z 的结果为 123.1415;
```

2.显式转换

显式转换又称强制转换，是在代码中明确指定将某一类型的数据转换为另一种类型，一般在不存在该类型的隐式转换时才使用。

显式转换的格式如下。

(类型标识符) 表达式;

例如：

```
(int)1.23;             //将 double 型的 1.23 转换成 int 型,结果为 1
```

需要注意以下两点。

(1)显式转换可能会导致错误。显式转换时,编译器会对转换进行溢出检测,如果有溢出则说明转换失败,表明源类型不是一个合法的目标类型。此时,转换将无法进行。

(2)显式转换可能丢失部分数据。对于从 float、double、decimal 到 int 型数据的转换,会通过舍入得到最接近的整型值,如果这个整型值超出目标类型的范围,则出现转换异常。

例如：

```
(int)2.58m;            //其转换结果为 2
```

如果将 float 型数据 2e10 转换成整数,语句将产生错误。

例如：

```
(int)2e10f;            //因为 2e10f 超出了 int 型的表示范围,将产生溢出错误
```

3.Convert 类强制转换

Convert 类可以将一个基本数据类型转换为另一个基本数据类型。

例如：

```
double dd=42.72;
int ii=Convert.ToInt32(dd);
```

Convert 类的常用方法及说明如表 3.4 所示。

表 3.4　Convert 类的常用方法及说明

方法	说明
ToDouble(Int32)	将指定的 32 位有符号整数的值转换为等效的双精度浮点数
ToDouble(String)	将数字的指定字符串值表示形式转换为等效的双精度浮点数
ToInt32(String)	将数字的指定字符串值表示形式转换为等效的 32 位有符号整数
ToString(Double)	将指定的双精度浮点数的值转换为它的等效字符串值表示形式
ToString(Int32)	将指定的 32 位有符号整数的值转换为它的等效字符串值表示形式
ToString(Boolean)	将指定的布尔值转换为它的等效字符串值表示形式

4.使用方法进行转换

(1)Parse 方法。

Parse 方法可以将特定格式的字符串转为数值类型,其使用格式如下。

数据类型名称.Parse(表达式);

例如：

```
string str="123.456";
int x;
x=int.Parse(str);  //将字符串 str 转化为整型数值
```

(2)ToString 方法。

ToString 方法可以将基本数据类型的值转换为字符串类型,其使用格式如下。

变量名.ToString();

例如:

```
int year=2021;
string name="测绘工程专业"+year.ToString();
System.Console.WriteLine(name);  //输出"测绘工程专业 2021"
```

3.5 变量和常量

程序执行过程中,其值不发生变化的量称为常量,其值可变的量称为变量。在程序中,常量是可以不经说明而直接引用的,变量则必须先定义后使用。

3.5.1 变量

变量是程序执行过程中值不断变化的量,通常用于保存程序运行过程中的输入数据,并对它们进行读、写及运算等操作。变量用来描述一条信息的名称,可以用于存储各种类型的信息。变量的命名必须符合标识符的规则,且变量名要有意义,以方便阅读。例如,角度值可以命名为 Angle_Data。

C#程序中,使用某个变量之前,必须告诉编译器它是什么数据类型的变量。因此,需要对变量进行定义。变量的定义格式如下。

[**访问修饰符**]**数据类型 变量名**=[**初始值**];

其中,"访问修饰符"是可选项,其值可以是 public、private、protected、internal 或 protected internal 等。各访问修饰符的具体含义如下。

(1)public 没有限制,任何地方都可以访问。

(2)private 是私有访问修饰符,被 private 访问修饰符修饰的成员只有在当前类的内部可以访问,其他地方一律不得访问。

(3)protected 表示当前类内部可以访问,并且所有的子类内部也可以访问;protected 只看是否在当前类内部或者所有子类内部,与是否在同一个程序集无关。

(4)internal 表示当前程序集内部,类的默认访问修饰符是 internal;internal 只看是否在一个程序集内,与其是否有继承关系无关。

(5)protected internal 兼具 protected 和 internal 的特性,当前类内部,所有子类内部,当前程序集内部都可以访问。

例如:

```
string major_name;               //声明一个字符串变量
major_name="测绘地理信息";         //变量赋值
int num_students=60;             //声明一个变量,同时进行赋值
```

也可以同时声明一个或多个给定类型的变量，变量名用逗号分隔。例如：

```
double a,b,c;                    //同时声明多个变量
int x=1,y=2,z=3;                 //同时声明多个变量,并进行赋值
```

3.5.2 常量

常量又称常数，是程序执行过程中值保持固定不变的量。常量可以分为直接常量和符号常量，常量的类型可以是任何一种值类型或引用类型。常量使用关键字 const 修饰符进行声明，使用过程中，不能对常量的值进行改变。否则，系统会自动报错。

1.直接常量

直接常量是指把程序中不变的量直接硬编码为数值或字符串值，其定义格式如下。

[访问修饰符]const 数据类型 常量名=常量值；

例如：

```
const int months=12;             //声明一个 int 型常量,并赋值
```

该示例中，常量 months 始终为 12，不可改变。实际上，当编译器遇到 C# 源代码中的常量修饰符时，会直接把文本值替换到它生成的中间语言代码中。

2.符号常量

符号常量是通过关键字 const 声明的常量，包括常量的名称和它的值，其定义格式如下。

[访问修饰符]const 数据类型 常量名=常量表达式；

常量定义中，常量表达式中不能包含变量和函数值会发生变化的内容。

由于符号常量代表的是一个不变的值，所以符号常量不能出现在赋值符号的左边。如果程序中非常频繁地使用某一常量，可以将其声明为符号常量，这样使用时会更加方便。

例如：

```
const double pi=3.1415926;       //声明一个 double 型常量,并赋值
```

和变量一样，也可以同时声明多个给定类型的常量。例如：

```
const double x=1.0,y=2.0,z=3.0;
```

3.6 运算符和表达式

运算符是表示进行某种运算的符号。C# 提供了许多预定义的运算符，包括算术运算符、字符串运算符、赋值运算符、关系运算符、逻辑运算符、条件运算符等。

表达式由运算符、运算数和括号组成，用以表示一个计算过程。表达式可以嵌套，其中的运算符执行运算的先后顺序由它们的优先级和结合性决定，其运算结果是表达式的返回值。使用不同的运算符连接运算对象，其返回值的类型不同。

3.6.1 算术运算符

算术运算符是指用于实现算术运算的符号，是最简单的运算符。C# 算术运算符如表 3.5 所示。

表 3.5　C#算术运算符

符号	意义	示例
+	加法运算	x+y
−	减法运算/取负运算	x−y
*	乘法运算	x * y
/	除法运算	x/y
%	取模	x%y
++	累加	x++y
−−	累减	x−−y

由算术运算符连接而成的表达式是算术表达式，其返回值是一个数值，类型由运算符和运算数确定。

例如：

```
int x=2;
x*2+10-100%3;                    //算术表达式
```

3.6.2　字符串运算符

字符串运算符只有一个，即加号"+"。除了作为算术运算符，"+"还可以将字符串连接起来，变成合并的新字符串。

例如：

```
string str="测绘";
str=str+"地理信息";
Console.WriteLine(str);          //输出:测绘地理信息
```

3.6.3　赋值运算符

赋值运算符"="用于给变量赋值，它先求出赋值运算符右侧表达式的结果，然后将结果赋给左侧的变量。由赋值运算符构成的表达式称为赋值表达式。在赋值表达式中，左值是指出现在赋值运算符左边的各种变量，右值是指出现在赋值运算符右边的各种表达式。

例如：

```
int x;
x=4*(1+2);                       //赋值表达式,x 的值为 12
```

赋值表达式本身的运算结果是右侧表达式的值，结果的数据类型是左侧变量的数据类型。例如：

```
int x=(int)(2.8*4);              //x 的结果为 11,而不是 11.2
```

另外，赋值运算符还可以与算术运算符一起对给定的变量进行加、减、乘、除等运算，从而改变变量的值，这又称为复合运算符。C#复合运算符如表 3.6 所示。

表 3.6　C#复合运算符

符号	意义	示例
+=	加赋值	x+=y，等同于 x=x+y
-=	减赋值	x-=y，等同于 x=x-y
*=	乘赋值	x*=y，等同于 x=x*y
/=	除赋值	x /=y，等同于 x=x / y
%=	取模赋值	x %=y，等同于 x=x % y
<<=	左移赋值	x <<=y，等同于 x=x << y
>>=	右移赋值	x >>=y，等同于 x=x >> y
&=	与赋值	x &=y，等同于 x=x & y
^=	异或赋值	x ^=y，等同于 x=x ^ y
|=	或赋值	x |=y，等同于 x=x | y

3.6.4　关系运算符

关系运算符是二元运算符，用于两个运算数的比较。当结果为 true 时，对应的值为 1，否则为 0。C#关系运算符如表 3.7 所示。

表 3.7　C#关系运算符

符号	意义	示例
<	小于	2 < 3，true，1
<=	小于等于	2 <=3，true，1
>	大于	2 > 3，false，0
>=	大于等于	2 >=3，false，0
==	等于	2==3，false，0
！=	不等于	2 ！=3，true，1

关系运算符一般用于比较相同类型的数据。当比较不同类型的数据时，需转换成同一类型后再进行比较。否则，会产生无法预测的结果。

3.6.5　逻辑运算符

逻辑运算符用于布尔类型数据的运算，由逻辑运算符构成的表达式称为逻辑表达式，其运算结果为 true 或 false。C#逻辑运算符如表 3.8 所示。

表 3.8　C#逻辑运算符

符号	意义	示例
！	逻辑非	！(2<3)，false
&&	逻辑与	(2<3) && (4>5)，false
||	逻辑或	(2<3) || (4>5)，true

3.6.6 条件运算符

条件运算符"?:"是三元运算符，每个运算数同时又是表达式的值。由条件运算符构成的表达式称为条件表达式。条件运算符的使用方法如下。

表达式1?表达式2:表达式3

其计算方式是，先计算"表达式1"(必须为布尔值)的值，如果其值为 true，则将"表达式2"的值作为整个表达式的值，否则，将"表达式3"的值作为整个表达式的值。

例如：

```
int max,x,y;
max=x>y?x:y;
```

计算过程为：当 $x>y$ 时，$max=x$；否则，$max=y$。

3.6.7 其他运算符

除以上介绍的各种运算符，C#还包括一些特殊的运算符。下面仅介绍常用的 is、sizeof 和 new 运算符。

1.is 运算符

is 运算符用于检查表达式是不是指定的类型，如果是，其结果为 true，否则，其结果为 false。

例如：

```
double dx=1.25;
bool bx=dx is int;        //bx=false
bool by=dx is double;     //by=true
```

2.sizeof 运算符

sizeof 运算符用于求指定类型数据在内存中占用的字节数。其使用方法如下。

sizeof(类型标识符)

其结果为一个整数，表示指定类型数据在内存中所占的字节数。

例如：

```
Console.WriteLine(sizeof(double)); //输出 double 型数据在内存中所占的字节数，为 8
```

3.new 运算符

new 运算符用于创建一个类的实例。

例如：

```
Class C1=new Class();//创建 Class 类的实例 C1
```

3.6.8 运算符的优先级

运算符的优先级是指在表达式中哪一个运算符应该优先计算。C#根据运算符的优先级确定表达式的运算次序，优先级高的运算符先运算，相同优先级的运算符从左至右依次进行运算。此外，用小括号可以控制运算顺序，任何小括号内的运算符最优先进行运算。运算符的优先级如表 3.9 所示。

表 3.9 运算符的优先级

级别	运算符	级别	运算符
1	new、typeof、is、!	6	/、*、%
2	=、+=、-=、*=、/=、%=、<<=、>>=、&=、^=、|=	7	++、--
3	||、&&	8	==、!=
4	^	9	<、<=、>、>=
5	+、-	10	?:

3.7 C#常用的类和结构

为了方便程序设计,C#提供了丰富的内建类和结构,其中有些类和结构是经常使用的。当然,程序设计人员不仅可以直接使用内建类或结构,也可以自己设计类。

3.7.1 String 类

String 类表示字符串,实际上,String 是.NET Framework 中的 System.String 的别名。String 类定义了关系运算符"=="和"!="来比较两个 String 对象。另外,运算符"+"用于连接字符串,运算符"[]"可以用来访问 String 类中的各个字符。

String 类位于 System 命名空间中,用于字符串的处理。String 类的常用属性及说明如表 3.10 所示,常用方法及说明如表 3.11 所示,这些属性和方法极大地方便了字符串的处理。

表 3.10 String 类的常用属性及说明

属性	说明
Chars	获取该字符串中位于指定字符位置的字符
Length	获取该字符串中的字符数

表 3.11 String 类的常用方法及说明

方法	说明
ToCharArray	将一个字符串转换成一个 char 类型的数组
Contains	判断指定字符串是否出现在该字符串中
Equals	确定两个字符串是否具有相同的值

续表

方法	说明
IndexOf	返回指定字符在该字符串中的第一个匹配项的索引
Split	返回包含该字符串的子字符串的字符串数组
Substring	从该字符串中截取子字符串
Trim	从该字符串的开始位置和末尾移除一组指定的字符所匹配项
ToLower	返回该字符串转换为小写形式的副本
ToUpper	返回该字符串转换为大写形式的副本
Replace	将该字符串替换成新字符串
StartsWith	判断该字符串是否以指定的字符串开始
EndsWith	判断该字符串是否以指定的字符串结束
LastIndexOf	获取指定字符在该字符串中最后一次出现的位置，没有出现则返回－1

需要注意的是，类的方法有静态方法和非静态方法之分。对于静态方法，只能通过类名来调用；对于非静态方法，可以通过类的对象来调用。

下面通过实例介绍 String 类的方法的使用。

【例 3.1】比较字符串

比较字符串是指按照词典排序规则，判断两个字符串的相对大小，可以使用 String 类的 Compare 和 CompareTo 方法。

Compare 方法是 String 类的静态方法，通过 String 调用，其格式如下。

String.Compare(String str1, String str2);

String.Compare(String str1, String str2, Boolean ignoreCase);

其中，“str1”和“str2”是要比较的两个字符串；“ignoreCase”指是否考虑大小写，true 表示忽略大小写，false 表示考虑大小写。当“str1”小于“str2”时，返回一个负整数；当“str1”等于“str2”时，返回 0；当“str1”大于“str2”时，返回一个正整数。

例如：

```
string str1,str2;
str1="x";
str2="y";
String.Compare(str1,str2);      //返回一个负整数
```

CompareTo 方法是 String 类的非静态方法，通过 String 类的对象调用，其格式如下。

str1.CompareTo(str2);

其返回值的含义与 Compare 方法相同。

例如：

```
string str1,str2;
str1="x";
str2="y";
str1.CompareTo(str2);       //返回一个负整数
```

【例 3.2】求子串的位置

IndexOf 方法是一个非静态方法，使用该方法可以求子串的位置。其格式如下。

String.IndexOf(char);

String.IndexOf(string);

第一种格式返回的是指定字符在该字符串中的第一个匹配项的索引，第二种格式返回的是指定字符串在该字符串中的第一个匹配项的索引。

例如：

```
string str1,str2;
str1="xyz";
str2="y";
char cc='z';
Console.WriteLine("{0}",str1.IndexOf(str2));  //输出 1
Console.WriteLine("{0}",str1.IndexOf(cc));  //输出 2
```

【例 3.3】格式化字符串

使用 String 类的 Format 方法格式化字符串，这是一个静态方法。其格式如下。

String.Format(format, args);

其中，"format"指出 String 类的零个或多个格式项，"args"是要格式化的对象。

例如：

```
string str1,str2;
str1="xyz";
str2="y";
String.Format("串 1:{0},串 2:{1}",str1,str2);   //结果是"串 1:xyz,串 2:y"
```

【例 3.4】分隔字符串

String 类的 Split 方法用于分隔字符串，它可以把一个整串按照某个分隔符分成一系列的字符串。其格式如下。

str1.Split(separator);

其中，"separator"指的是分隔符，返回"str1"字符串由"separator"分隔的字符串数组。

例如：

```
string str1;
str1="abc,d,1,23";
string[] str2=new string[10];
char[] ch={','};
str2=str1.Split(ch);       //str2[0]="abc",str2[1]="d",str2[2]="1",str2[3]="23"
```

3.7.2 Math 类

Math 类位于 System 命名空间中，它包含了 C# 中常用的运算功能方法。Math 类的常用方法及说明如表 3.12 所示，这些方法极大地方便了测绘程序设计中算法表达式的书写。

例如，有两个点 A 和 B，其坐标分别为 $A(x_a, y_a, z_a)$ 和 $B(x_b, y_b, z_b)$，根据式(3.1)可以计算得到 A、B 之间的距离为

$$d=\sqrt{(x_b-x_a)^2+(y_b-y_a)^2+(z_b-z_a)^2} \tag{3.1}$$

则可以用如下的代码进行表示。

```
double xa,ya,za;
double xb,yb,zb;
double d;
d=Math.Sqrt(Math.Pow((xb-xa),2)+Math.Pow((yb-ya),2)+Math.Pow((zb-za),2));
```

表 3.12　Math 类的常用方法及说明

方法	说明	方法	说明
Abs(b)	求 b 的绝对值	Log10(b)	求 b 以 10 为底的对数
Acos(b)	求余弦值 b 对应的角度(弧度)	Max(b,c)	求 b、c 中较大的值
Asin(b)	求正弦值 b 对应的角度(弧度)	Min(b,c)	求 b、c 中较小的值
Atan(b)	求正切值 b 对应的角度(弧度)	Pow(b,n)	指定 b 的 n 次幂
Atan2(b,c)	求正切值为 b/c 的角度(弧度)	Round(b)	求小数部分舍入后，最接近 b 的整数
Celling(b)	求大于或等于 b 的最小整数值	Sign(b)	求表示数字符号的值
Cos(b)	求角度 b(弧度)的余弦值	Sin(b)	求角度 b(弧度)的正弦值
Cosh(b)	求角度 b(弧度)的双曲余弦值	Sinh(b)	求角度 b(弧度)的双曲正弦值
Exp(n)	求 e 的 n 次幂	Sqrt(b)	求 b 的平方根
Floor(b)	求小于或等于 b 的最大整数	Tan(b)	求角度 b(弧度)的正切值
Log(b)	求 b 的自然对数(底为 e)	Tanh(b)	求角度 b(弧度)的双曲正切值

3.7.3　DateTime 结构

DateTime 结构位于 System 命名空间中，DateTime 结构表示公元 0001 年 1 月 1 日 12 时 00 分 00 秒至公元 9999 年 12 月 31 日 11 时 59 分 59 秒的日期和时间。其语法格式如下。

DateTime 日期时间变量=new DateTime(year, month, day, hour, min, sec);

例如：

```
DateTime dt1=new DateTime(2021,6,14);         //2021 年 6 月 14 日 0 时 0 分 0 秒
DateTime dt2=new DateTime(2021 6,14,09,30,50);  //2021 年 6 月 14 日 9 时 30 分 50 秒
```

DateTime 结构的常用属性及说明如表 3.13 所示。

表 3.13　DateTime 结构的常用属性及说明

属性	说明
Date	获取日期
Day	获取日期是该月中的第几天
DayOfWeek	获取日期是星期几
DayOfYear	获取日期在该年中的年积日

续表

属性	说明
Hour	获取当前时间的小时
Millisecond	获取当前时间的毫秒
Minute	获取当前时间的分钟
Month	获取日期的月份
Now	获取当前计算机上的日期和时间
Second	获取当前时间的秒
TimeOfDay	获取当前计算机上的时间
Today	获取当前计算机上的日期
Year	获取日期的年

3.8 本章实例

交会定点是测绘工作中加密控制点的一种常用方法，适用于少量控制点的加密。交会定点包括前方交会、侧方交会、后方交会与边长交会等。如图3.2所示，前方交会是指如果已知点 A 的坐标（x_a，y_a）和点 B 的坐标（x_b，y_b），为了计算未知点 P 的坐标（x_p，y_p），只要观测 $\angle A$ 和 $\angle B$，并按下面的公式计算即可，即

$$\left.\begin{aligned} x_p &= \frac{x_a \cot B + x_b \cot A + (y_b - y_a)}{\cot A + \cot B} \\ y_p &= \frac{y_a \cot B + y_b \cot A + (x_a - x_b)}{\cot A + \cot B} \end{aligned}\right\}$$

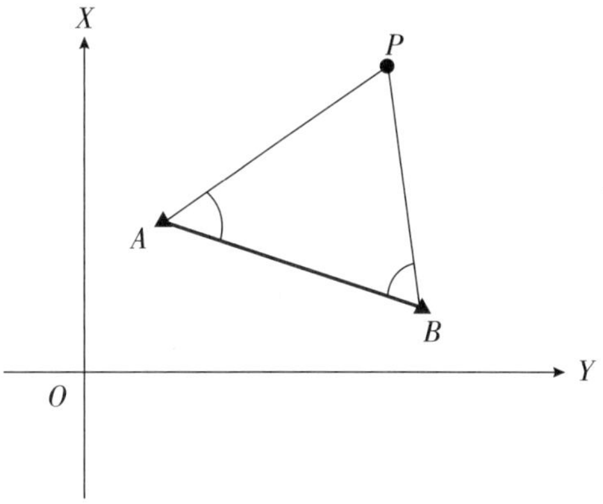

图3.2 前方交会示意

请利用本章知识，写出以上公式的具体表达式。

具体代码如下。

```
double xa,ya,xb,yb,xp,yp,anga,angb;
xp=(xa*(1/Math.Tan(angb))+xb*(1/Math.Tan(anga))+(yb-ya))/(1/Math.Tan(angb)+
    1/Math.Tan(anga));
yp=(ya*(1/Math.Tan(angb))+yb*(1/Math.Tan(anga))+(xa-xb))/(1/Math.Tan(angb)+
    1/Math.Tan(anga));
```

习题三

一、选择题

1.C＃中，逻辑关系“a>=10 或 a<=0”的正确表达式是______。

A.a>=10 or a<=0　　B.a>=10 | a<=0

C.a>=10 || a<=0　　D.a>=10 && a<=0

2.C＃中，布尔类型的关键字是______。

A.string　　B.buer　　C.int　　D.bool

3.在 C＃中不可作为注释的选项是______。

A.//　　B. '　　C./ * 和 * /　　D.///

4.设 x 和 y 均为布尔量，则 x&&y 为真的条件是______。

A.它们均为真　　B.其中一个为真　　C.它们均为假　　D.其中一个为假

5.关于 C＃程序的书写，下列不正确的是______。

A.区分大小写

B.一行可以写多条语句

C.一条语句可以写成多行

D.一个类中只能有一个 Main 方法，因此多个类中可以有多个 Main 方法

二、简答题

1.简述 C＃有哪些数据类型。

2.简述 C＃程序的组成要素有哪些。

三、编程题

对于同一旋转椭球下，某一点的大地坐标(B,L,H)与空间大地直角坐标(X,Y,Z)之间的关系如下

$$\left.\begin{aligned} X&=(N+H)\cos B\cos L \\ Y&=(N+H)\cos B\sin L \\ Z&=[N(1-e^2)+H]\sin B \end{aligned}\right\}$$

式中，N 为卯酉圈曲率半径，e 为参考椭球的第一偏心率，L 为大地经度，B 为大地纬度，H 为大地高。

请写出以上公式的具体表达式。

第 4 章　C♯流程控制

一个 C♯程序是由若干语句组成的，每个语句以“;”作为结束符。语句按其功能可以分为操作运算语句和流程控制语句两种。

操作运算语句主要用于描述计算机执行的操作和运算，包括赋值语句、声明语句和表达式语句。

流程控制语句主要用于控制操作运算语句执行的顺序，包括选择语句、循环语句、跳转语句等。程序的流程控制是算法实现的逻辑路径，是程序设计的核心。流程控制语句通常还会包括若干操作运算语句。

虽然 C♯是面向对象的程序设计语言，但在局部的语句块内仍然需要使用结构化程序设计的方法通过顺序结构、选择结构、循环结构进行程序的连接。

4.1　顺序结构

有些程序是按语句的先后顺序依次执行的，这种结构称为顺序结构。顺序结构是程序设计中最简单，也是最常用的基本控制结构。语句按照其书写的顺序依次执行，且每条语句都会被执行。用于顺序结构的语句主要有赋值语句、输入语句和输出语句三种。

4.1.1　赋值语句

程序设计中，赋值语句用于给变量或常量赋予特定的值。赋值语句包含一般赋值语句、复合赋值语句和连续赋值语句三种。

1.一般赋值语句

由赋值运算符“=”构成的语句称为一般赋值语句，它是最简单的语句。其格式如下。

变量=表达式;

其中，符号“=”称为赋值运算符。

赋值语句的作用是计算赋值运算符右边表达式的值，并把结果赋给赋值运算符左边的变量。

例如：

```
int stu_nums=60;
```

需要说明的是，变量必须先赋值才能引用，未赋值的变量不能参与运算。另外，赋值运算符两边的类型必须相同，或者符合隐式类型转换规则。

2.复合赋值语句

复合赋值语句是使用“+=”“-=”“ *=” 和“/=” 等运算符构成的赋值语句。这种语句先完成特定的运算，再进行赋值运算操作。

例如：

```
string str="surveying";
str+="mapping";
Console.WriteLine("{0}",str);   //输出结果:surveying mapping
```

3.连续赋值语句

连续赋值语句是一条语句中使用多个赋值运算符“=”进行赋值的语句,可以一次为多个变量赋相同的值。

例如:

```
int x,y,z;
x=y=z=2017;
string str1,str2;
str1=str2="GNSS";
```

4.1.2 输入语句

通过计算机的键盘等输入设备把数据传入计算机内存的过程称为输入。C#控制台应用程序常用的输入语句有以下两种形式。

Console.Read(输入项);

Console.ReadLine(输入项);

输入内容可以是整型或字符串型等数据,但不能直接输入布尔型数据。

例如:

```
string str_input;
str_input=Console.ReadLine();   //通过键盘可以给 str_input 赋值
```

Read()语句和ReadLine()语句的区别如下。

Read()语句输入数据后,数据行中多余的未读数据可以被下一个输入语句继续读入。ReadLine()语句输入数据后,将会自动换行,从下一行开始再输入数据;ReadLine()执行完毕后,数据行中多余的数据将不再使用。

4.1.3 输出语句

输出语句是将计算机内存中的数据输出到外围设备的过程。C#控制台应用程序常用的输出语句有以下两种形式。

Console.Write(输出项);

Console.WriteLine(输出项);

其中,输出项可以是常量、变量、表达式或字符串。变量和表达式完成计算后输出,常量和字符串则直接输出。

Write()语句和WriteLine()语句的区别如下。

Write()语句输出后,不换行,光标停留在最后一项后面。WriteLine()语句输出后,自动换行,光标停留在下一行的开始位置。

当WriteLine()语句的输出项为空,即语句“Console.WriteLine();”表示换行。

例如:

```
Console.Write("测绘");          //输出“测绘”
Console.WriteLine("地理信息"); //输出“地理信息”
```

C#还提供了格式化的输出。

例如：

```
Console.WriteLine("{0};{1};{2}", 10, 20, 30);          //输出“10;20;30”并换行
//输出“我的成绩是:98;100”并换行
Console.WriteLine("{0} {1};{2}", "我的成绩是:",98,100);
```

4.2 选择结构

选择结构语句主要包括 if 语句、if…else 语句、if…else if 语句和 switch 语句，这些语句根据指定条件的真假值确定执行语句的流程。

4.2.1 if 语句

if 语句用于在程序中有条件地执行某一语句序列，其语法格式如下。

if(条件表达式)

语句；

其中，“条件表达式”为关系表达式或逻辑表达式。当“条件表达式”为 true 时，执行后面的语句。

例如：

```
bool bl=true;
if(bl)
{
    Console.WriteLine("bl is true");
}
```

4.2.2 if…else 语句

如果希望 if 语句在条件表达式为 true 和 false 时分别执行不同的语句，则用 else 来引入条件表达式为 false 时执行的语句序列，这就是 if…else 语句。它根据不同的条件来执行不同的语句序列，其语法格式如下。

if(条件表达式)

语句 1；

else

语句 2；

其中，“条件表达式”同样为关系表达式或逻辑表达式。当“条件表达式”为 true 时，执行语句 1；当“条件表达式”为 false 时，执行语句 2。

if…else 语句可以嵌套使用，且 else 总是与最后一个出现的、还没有 else 与之匹配的 if 相匹配。

4.2.3 if…else if 语句

if…else if 语句用于多重判断,其语法格式如下。

```
if(条件表达式1)
    语句1;
else if(条件表达式2)
    语句2;
……
else if(条件表达式n)
    语句n;
else
    语句n+1;
```

if…else if 语句流程如图 4.1 所示。该语句首先计算"条件表达式 1"的值,如果其值为 true,则执行语句 1,执行完毕后,跳出该 if…else if 语句。如果"条件表达式 1"的值为 false,则继续计算"条件表达式 2"的值。如果其值为 true,则执行语句 2,执行完毕后,跳出该 if…else if 语句;如果其值为 false,则继续计算"条件表达式 3"的值,以此类推。

如果所有条件表达式的值都为 false,则执行 else 后面的语句 $n+1$;如果没有 else,则什么也不做,转到该 if…else if 语句后面的语句继续执行。

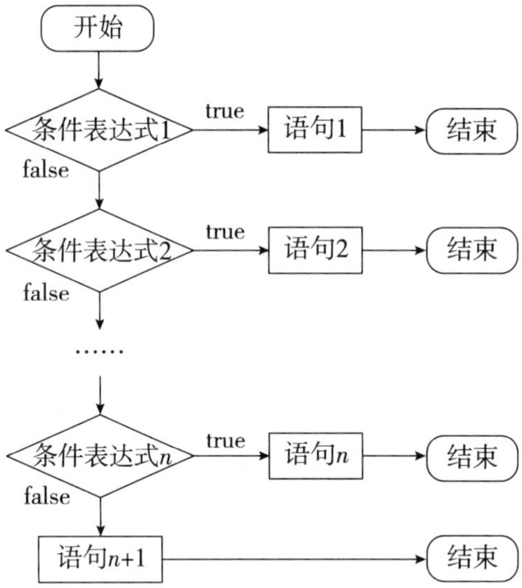

图 4.1 if…else if 语句流程

4.2.4 switch 语句

switch 语句的完整形式为 switch…case…default。switch 语句与 if…else if 语句用法相似,但 switch 语句的使用条件只能是确定的值,即条件表达式等于某个常量。switch 语句的流程如图 4.2 所示。

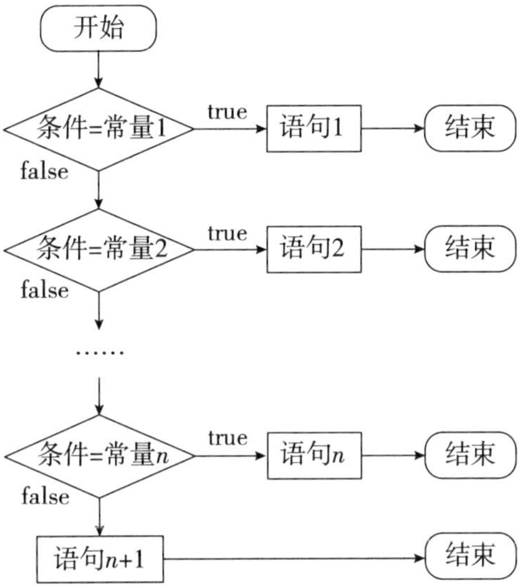

图 4.2　switch 语句流程

程序进入 switch 语句后，依次判断常量 1、常量 2 …… 常量 n 是否与条件相等，如果常量 1 与条件相等，则执行语句 1 并结束条件语句；如果常量 2 与条件相等，则执行语句 2 并结束条件语句；如果直至常量 n 与条件都不相等，则执行语句 $n+1$ 并结束条件语句。

switch…case…default 语句中，default 语句表示剩余的情况，与 if…else if 语句类似。default语句可以要，也可以不要。因为条件只有成立与不成立两种结果，因此 default 语句如果要的话只能有 1 个。

此外，与 if…else if 语句相同，条件常量可以是任意多个。

switch 语句的基本语法如下。

```
switch(条件表达式)
{
    case 常量 1;
        语句 1;
    break;
    case 常量 2;
        语句 2;
    break;
    ……
    [default;]
}
```

其中，break 语句属于跳转语句，用于跳出当前的选择语句块。

switch 语句与 if 语句不同，当条件符合并执行完当前 case 语句后，不会默认地跳出条件判断，而会接着执行下一条 case 语句，使用 break 语句后，程序将跳出 switch 语句块，执行后面的语句。

例如：

```
switch(days)
{
    case 1;
        str="Monday";
        break;
    case 2;
        str="Tuesday";
        break;
    case 3;
        str="Wednesday";
        break;
    case 4;
        str="Thursday";
        break;
    case 5;
        str="Friday";
        break;
    case 6;
        str="Saturday";
        break;
    default;
        str="Sunday";
        break;
}
```

4.3 循环结构

循环语句用于重复执行特定的语句块，直到循环终止条件成立或遇到跳转语句。程序中经常需要将一些语句重复执行，包括 for 语句、do…while 语句、while 语句和 foreach 语句。

4.3.1 for 语句

for 语句在执行重复语句之前加入了用来限制循环次数的循环执行条件，其流程如图 4.3 所示。

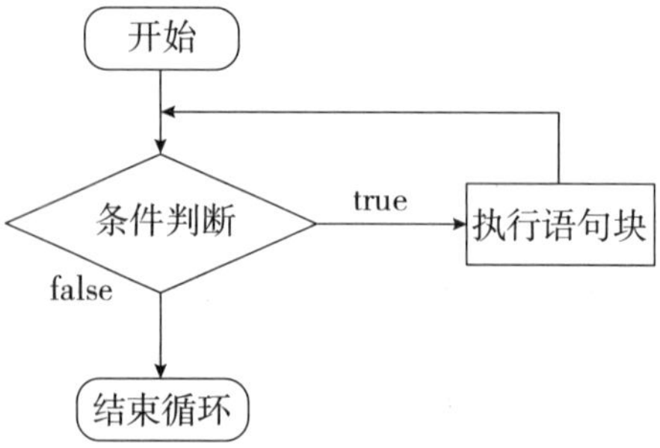

图 4.3 for 语句流程

程序进入 for 语句后，首先判断循环条件是否成立。若成立，则执行语句块，并重新判断循环条件是否成立;如果不成立,则结束该循环。

for 语句的基本语法如下。

for(初始化;条件表达式;增量)

{

　　语句块;

}

4.3.2　do…while 语句

do…while 语句在重复执行的语句块之后加入了循环执行条件,其与 for 语句循环执行顺序相反。除了条件判断顺序的不同,do…while 语句的"()"内只能有一条语句,不需要以分号结尾。do…while 语句流程如图 4.4 所示。

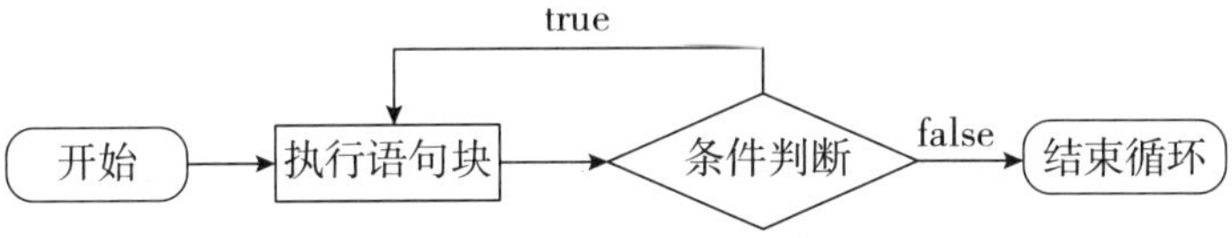

图 4.4　do…while 语句流程

程序进入 do…while 语句后,先执行循环中的语句块,然后再进行循环条件的判断。如果条件成立,重新执行语句块;如果条件不成立,结束循环。

do…while 语句的基本语法如下。

do

{

　　语句块;

}

while(条件表达式)

do…while 语句与 for 语句的主要区别如下。

(1)do 关键字与 while 关键字分别放在循环的开始和结束。

(2)条件表达式在循环的最后。

(3)"()"内的表达式只有一个。

(4)表达式的"()"后不需要加分号。

for 语句便于控制循环的次数,对于不确定次数的循环,使用 do…while 语句更为合适。

例如,求 1+2+…+100 的值,其具体代码如下。

```
int num=0;
int x=1;
do
{
    num=num+x;
    x=x+1;
}
While(x<=100)
```

4.3.3 while 语句

while 语句在条件表达式判定后执行循环，与 for 循环的执行顺序一样，不同的是语句格式和适用范围。

while 语句的使用较为灵活，某些情况下甚至能替代条件语句和跳转语句。while 语句流程如图 4.5 所示。

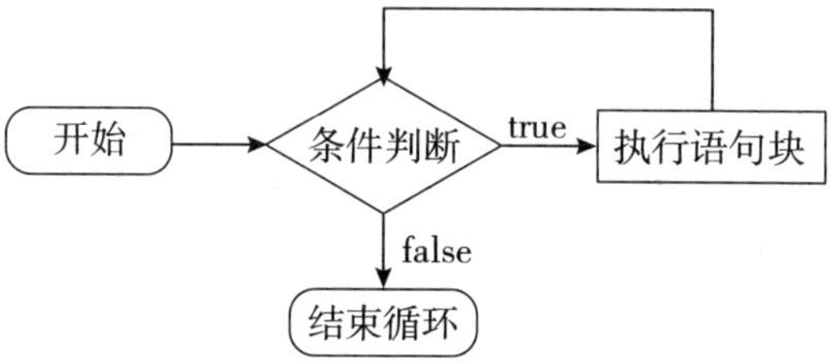

图 4.5　while 语句流程

执行 while 语句时，首先判断循环条件是否成立。如果成立，则执行语句块，并重新判断循环条件是否成立；如果不成立，则结束该循环。

while 语句的基本语法如下。

```
while(条件表达式)
{
    语句块;
}
```

while 语句的使用与 for 语句相似，满足条件表达式则执行 while 语句块，否则结束循环。

while 后的"()"内只能使用一个条件表达式，如果在循环中不改变条件表达式中的变量值，循环将无限进行下去。因此，循环语句块中需要包含改变变量的语句。

4.3.4 foreach 语句

foreach 语句主要用于数组或数据集合。数组中的数可多可少，如果逐个赋值会加大开发人员的工作量，C＃使用 foreach 语句针对数组及对象集进行赋值、读取等操作。

由于不同数组中的变量数各不相同，因而 foreach 循环不需要指定循环次数或条件。针对有 n 个成员的数组，foreach 语句流程如图 4.6 所示。

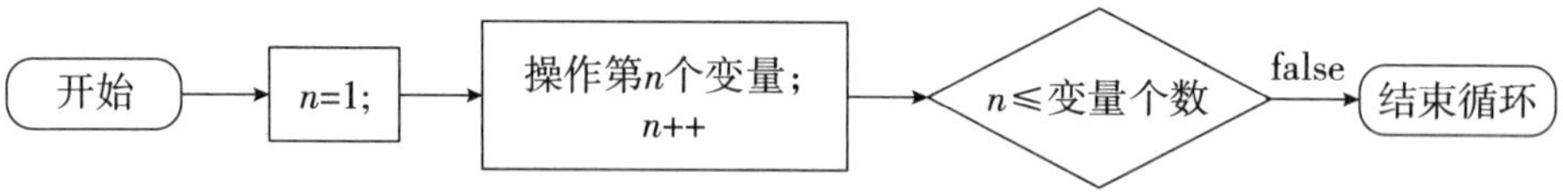

图 4.6　foreach 语句流程

foreach 语句为数组或对象集合中的每个元素嵌入一个重复的语句组，这样就能循环访问对象集合以获取所需要的信息。

嵌入的语句组按照数组或对象集合中的每个元素顺序，依次执行。当对象集合中的所有元素完成操作后，控制传递给 foreach 语句块之后的下一个语句。语法格式如下。

foreach(变量声明 in 数组名或集合类名)
{
  语句块;//使用声明的变量代替数组或集合类成员完成操作
}

4.4 跳转语句

跳转语句用于中断当前的执行顺序,从指定语句接着执行,包括 break 语句、continue 语句、return 语句及 goto 语句等。前面示例的 switch 语句中曾使用 break 语句中断当前的 switch 操作,执行 switch 后的语句。

4.4.1 break 语句

break 语句的用法有如下两种。

(1)用在 switch 语句的 case 标签之后,结束 switch 语句块,执行 switch{}后的语句。

(2)用在循环体中,结束循环,并执行循环{}后的语句。

循环语句有多种,任意一种循环都可以使用 break 语句跳出。

4.4.2 continue 语句

continue 语句是跳转语句的一种,用在循环中以加速循环,但不能结束循环。continue 语句与 break 语句的区别如下。

continue 语句不能用于选择语句,其在循环中的作用是忽略当前循环过程的剩余语句并结束当前循环,直接进入下一个循环过程。

4.4.3 return 语句

return 语句常用于方法语句块的结尾,表示方法的结束。方法是描述某一功能的语句块,相当于 C 语言中的函数。方法定义后并不直接执行,而是通过语句进行调用。

方法可以有返回值,在调用时将返回值传递给调用语句,也可以没有返回值。返回值可以是常数,也可以是变量,由 return 语句定义返回值。

方法语句块中,return 语句后没有其他语句,此时控制流并没有结束,而是找不到接下来要进行的语句。使用 return 语句将控制流传递给调用该方法的语句,同时将返回值传递给调用语句。

例如,定义方法 power(),用于求整型数字 *num* 的 *pow* 次方,具体代码如下。

```
public int power(int num, int pow)
{
    int res_num=num;
    for(int i=1, i<pow, i++)
    {
        res_num=res_num*res_num;
    }
    return res_num;
}
```

4.4.4 goto 语句

goto 语句可以跳转至程序的任意位置，是跳转语句中最灵活的语句；但也容易导致不可预测的漏洞，是跳转语句中最不安全的语句。goto 语句也有限制，可以从循环中跳出，但不能跳转到循环体中，也不能跳出类的范围。

使用 goto 语句需要在程序中定义标签，标签后是将要跳转的目标语句。一条以内的目标语句不需要加“{}”，超过一条则必须加“{}”，“{}”后不用加“;”，具体如下所示。

label:{}　　　　//定义标签

goto label;　　　//将标签名放在 goto 语句后，跳转至目标语句

例如，定义整型数字 *num* 表示第几个季节，定义字符串 *season* 表示季节的名称，代码如下。

```
int num=4;
string season="";
switch(num)
{
    case 1:
        season="春季";
        break;
    case 2:
        season="夏季";
        break;
    case 3:
        season="秋季";
        break;
    case 4:
        season="冬季";
        goto case 2;
}
Console.WriteLine(season);
```

该例中，*num* 变量的值为 4，所以将执行 case 4。case 4 中，使用 goto 语句将控制流转向了 case 2，此时显示结果为 case 2 中的“夏季”。case 在这里还起到了标签的作用。

4.5 本章实例

平面直角坐标系中，已知边 *OA* 的坐标增量分别为 Δx 和 Δy，如图 4.7 所示。根据公式 $\alpha=\arctan(\Delta y/\Delta x)$ 可以计算边 *OA* 的坐标方位角，请根据以上公式写出坐标方位角 α 计算的算法过程。

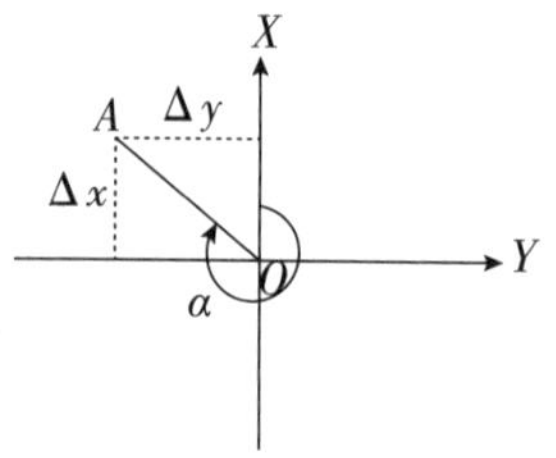

图 4.7　坐标方位角示意

算法的具体代码如下。

```
double dx,dy,az;  //az 表示坐标方位角
if (dx==0)
{
```

```
    if(dy>0)
    {
       az=90;
    }
    else
    {
       az=270;
    }
  }
  else if(dx>0)
  {
     if(dy>0)
     {
        az=Math.Atan(dy/dx)/Math.PI*180;
     }
     else if(dy==0)
     {
        az=0;
     }
     else
     {
        az=Math.Atan(-dy/dx)/Math.PI*180+270;
     }
  }
  else
  {
    if(dy<0)
    {
       az=Math.Atan(dy/dx)/Math.PI*180+180;
    }
    else if(dy==0)
    {
       az=180;
    }
    else
    {
       az=Math.Atan(-dy/dx)/Math.PI*180+90;
    }
  }
```

习题四

一、选择题

1.结构化程序设计的三种基本语句结构是______。

A.顺序结构、if 结构、for 结构

B. if 结构、if…else 结构、for 结构

C.while 结构、do…while 结构、foreach 结构

D.顺序结构、选择结构、循环结构

2.下列______语句不是C#提供的循环语句。

A.do…loop while…　　B.foreach

C.do…while　　D.while

3.编写C#程序时，若需要对一个数组中的所有元素进行处理，则使用______方法最好。

A.for 循环　　B.while 循环　　C.foreach 循环　　D.do…while 循环

二、简答题

1.简述C#循环中，使用 break 语句、continue 语句和 return 语句有什么不同的效果。

2.结构化程序设计有哪三种基本流程？分别对应C#中的哪些语句？

三、编程题

对于CGCS2000[1] 参考椭球，已知某一点的空间大地直角坐标(X,Y,Z)，可以采用如下公式，利用迭代公式解算该点的大地坐标(B,L,H)，即

$$\left.\begin{aligned}L&=\arctan\frac{Y}{X}\\B&=\arctan\left[\frac{Z}{\sqrt{X^2+Y^2}}\left(1-\frac{e^2N}{N+H}\right)^{-1}\right]\\H&=\frac{\sqrt{X^2+Y^2}}{\cos B}-N\end{aligned}\right\}$$

式中，N 为卯酉圈曲率半径；e 为参考椭球的第一偏心率，a 为参考椭球的长半轴，b 为参考椭球的短半轴，a、b、e 为已知值；L 为大地经度；B 为大地纬度；H 为大地高，i 为迭代次数。

设定 H 的计算精度为 0.001m，B 的计算精度为 0.000 1″，请写出整个求解过程的程序表达式。

迭代解算开始时，有

$$\left.\begin{aligned}N_0&=a\\H_0&=\sqrt{X^2+Y^2+Z^2}-\sqrt{ab}\\B_0&=\arctan\left[\frac{Z}{\sqrt{X^2+Y^2}}\left(1-\frac{e^2N_0}{N_0+H_0}\right)^{-1}\right]\end{aligned}\right\}$$

每次迭代的公式为

$$\left.\begin{aligned}N_i&=\frac{a}{\sqrt{1-e^2\sin^2B_{i-1}}}\\H_i&=\frac{\sqrt{X^2+Y^2}}{\cos B_{i-1}}-N_{i-1}\\B_i&=\arctan\left[\frac{Z}{\sqrt{X^2+Y^2}}\left(1-\frac{e^2N_i}{N_i+H_i}\right)^{-1}\right]\end{aligned}\right\}$$

---

[1] 2000 国家大地坐标系(China Geodetic Coordinate System 2000)。

第5章 数 组

数组是一个固定大小、存储相同类型元素的顺序集合。数组用于存储和表示既与取值有关,又与顺序有关的数据。测绘程序中,数组常用于存储矩阵元素,完成矩阵的加、减、乘、除、求逆等相关运算。

数组中的数据称为数组元素(简称元素),它们可以通过数组名和下标进行存取。数组元素的下标从0开始,到数组元素个数减1为止。数组元素可以是任何一种值类型,也可以是类。数组本身也可以作为另一个数组的元素。

5.1 数组的概念

C#中所有的数组都是从.NET类库中的System.Array类派生而来的。因此,可以直接使用该类的属性和方法,其常用属性及说明如表5.1所示,常用方法及说明如表5.2所示。

例如,可以使用它的Length属性或GetLength方法获得数组的长度,使用其Rank属性获得数组的维数,使用其GetValue方法访问指定数组的元素。

表5.1 Array类的常用属性及说明

属性	说明
IsFixedSize	获取一个值,该值指示数组是否为固定大小
IsReadOnly	获取一个值,该值指示数组是否只读
Length	获取一个32位整数,该值表示所有维数的数组中的元素总数
LongLength	获取一个64位整数,该值表示所有维数的数组中的元素总数
Rank	获取数组的维数(秩)

表5.2 Array类的常用方法及说明

方法	说明
Clear	根据元素的类型,设置数组中某个范围的元素为0、false、null
GetLength	获取一个32位整数,该值表示指定维数的数组中的元素总数
GetLongLength	获取一个64位整数,该值表示指定维数的数组中的元素总数
GetType	获取当前实例的类型
GetValue(Int32)	获取一维数组中指定位置的值,由一个32位整数指定
Reverse(Array)	反转整个一维数组中元素的顺序
Sort(Array)	对整个一维数组中的元素进行排序
ToString	返回一个表示当前对象的字符串

数组分为一维数组、二维数组、三维及以上的数组,通常把二维数组称为矩阵,把三维及以上的数组称为多维数组。

5.2 一维数组

5.2.1 一维数组的定义

一维数组是有一个下标的数组，定义一维数组的语法格式具体如下。

数组类型[]数组名；

其中，“数组类型”为数组中元素的数据类型，必须为C#中合法的数据类型；“数组名”为数组的名称，必须为C#中合法的标识符。

需要说明的是，数组的长度不是定义的一部分，定义中的[]必须跟在数组类型的后面，而不是数组名的后面。

以下语句分别定义了整型一维数组 *arrint*，双精度一维数组 *arrdouble* 和字符串一维数组 *arrstring*。

```
int [] arrint;
double [] arrdouble;
string [] arrstring;
```

5.2.2 一维数组的初始化

一维数组定义后，必须对其进行初始化才能使用。一维数组的初始化包括动态初始化和静态初始化两种。

1.一维数组的动态初始化

一维数组的动态初始化需要借助 new 运算符为数组元素分配内存空间，并为数组元素赋初始值。其中，数值型数组初始化为0，布尔型数组初始化为false，字符串数组初始化为null。其语法格式具体如下。

数组类型[]数组名=new 数据类型[n]{元素值$_0$，元素值$_1$，…，元素值$_{n-1}$}；

其中，“数组类型”为数组中数据元素的数据类型；“n”表示数组的长度，可以为整型常量，也可以为变量，其后“{}”中为初始值部分。

以下语句定义了一个包含5个元素的一维整型数组 *arrint*。

```
int [] arrint=new int[5];
```

或

```
int size=5;
int [] arrint=new int[size];
```

以上语句没有给出数组元素的初始值，各元素取默认值。

以下语句定义了一个包含10个元素的一维整型数组 *arrint*，并给定了初始值。

```
int [] arrint=new int[10]{0,1,2,3,4,5,6,7,8,9};
```

或

```
int [] arrint=new int[]{0,1,2,3,4,5,6,7,8,9};
```

需要注意的是，如果数组元素的个数已经给出，那么初始值的个数必须与元素个数相同，否则会出错。

例如：

```
int [] arrint=new int[3]{1,2,3};     //正确
int [] arrint=new int[3]{1,2};       //错误
```

2.一维数组的静态初始化

一维数组的静态初始化必须与数组定义结合在一起，否则会出错，其语法格式具体如下。

数组类型[]**数组名**={**元素值**$_0$,**元素值**$_1$,…,**元素值**$_{n-1}$};

使用静态初始化方法对数组进行初始化时，不需要说明数组元素的个数，只需按顺序列出数组中的全部元素即可，系统会自动计算并分配数组所需的内存空间。

以下语句定义了一个整型一维数组 *arrint*，并进行静态初始化。

```
int [] arrint={1,2,3,4};
```

此时，数组定义和静态初始化不能分开，否则会出现错误。

例如：

```
int [] arrint;
arrint={1,2,3,4};       //错误
```

5.2.3 一维数组元素的访问

为了访问一维数组中的某个元素，需要指定数组名称和数组中该元素的下标(或索引)。

以下语句逐个输出数组 *arrint* 的所有元素值。

```
int [] arrint=new int[4]{0,1,2,3};
for (int i=0; i<4; i++)
{
   Console.Write("{0}", arrint[i]);
}
```

此外，还可以利用 foreach 语句循环访问一维数组的每一个元素。

以下语句同样实现了逐个输出数组 *arrint* 的所有元素值的功能。

```
int [] arrint=new int[4]{0,1,2,3};
foreach(int i in arrint)
{
   Console.Write("{0}", i);
}
```

如果数组的下标超出了数组规定的下标，系统会提示如下的出错信息，需要特别注意。

```
未处理的异常:System.IndexOutOfRangeExcetpion:下标超出了数组界限
```

5.3 二维数组

二维数组可以看成是一维数组的数组，它们的每一个元素又是一个一维数组，需要两个下

标才能标识某个元素的位置。二维数组经常用来表示按行和列的形式存放的信息。

5.3.1 二维数组的定义

二维数组具有两个下标，定义二维数组的语法格式具体如下。

数组类型[,]数组名;

其中，“数组类型”为数组中数据元素的数据类型，必须为C#中合法的数据类型；“数组名”为数组的名称，必须为C#中合法的标识符。

以下语句分别定义了整型二维数组*arrint*，双精度二维数组*arrdouble*和字符串二维数组*arrstring*。

```
int [,] arrint;
double [,] arrdouble;
string [,] arrstring;
```

5.3.2 二维数组的初始化

1.二维数组的动态初始化

动态初始化二维数组的语法格式具体如下。

数组类型[,]数组名=new 数据类型[m,n]{{元素值$_{0,0}$,元素值$_{0,1}$,…,元素值$_{0,n-1}$},{元素值$_{1,0}$,元素值$_{1,1}$,…,元素值$_{1,n-1}$},…,{元素值$_{m-1,0}$,元素值$_{m-1,1}$,…,元素值$_{m-1,n-1}$}};

其中，“m”“n”分别为行数和列数，即数组各维的长度，其可以是整型常量，也可以是变量；后面两层大括号中为初始值部分。

以下语句定义了一个包含2行3列的二维整型数组*arrint*。

```
int [,] arrint=new int[2,3];
```

该数组各元素均为默认值0。

如果定义二维数组时给出了初始值，各数组元素初始化为相应的初始值，且给出的初始值个数与对应的数组长度必须相等。如果后面的大括号中列出了数组中的全部元素，也可以省略数组长度。

例如：

```
int [,] arrint=new int[2,3]{{1,2,3},{4,5,6}};
```

或

```
int [,] arrint=new int{{1,2,3},{4,5,6}};
```

2.二维数组的静态初始化

静态初始化二维数组的语法格式具体如下。

数组类型[,]数组名={{元素值$_{0,0}$,元素值$_{0,1}$,…,元素值$_{0,n-1}$},
{元素值$_{1,0}$,元素值$_{1,1}$,…,元素值$_{1,n-1}$},
…,
{元素值$_{m-1,0}$,元素值$_{m-1,1}$,…,元素值$_{m-1,n-1}$}};

以下语句定义了一个整型二维数组*arrint*，并进行静态初始化。

```
int [,] arrint={{1,2,3},{4,5,6}};
```

5.3.3　二维数组元素的访问

为了访问二维数组中的某个元素，需要指定数组名称和数组中该元素的索引(行下标和列下标)。

以下语句输出二维数组 *arrint* 的所有元素。

```
int [,] arrint=new int[2,3]{{1,2,3},{4,5,6}};
for(int i=0;i<2;i++)
{
    for(int j=0;i<3;j++)
    {
        Console.Write(“{0}”,arrint[i][j]);
    }
}
```

也可以用 foreach 语句循环访问二维数组中的每一个元素。

以下语句同样实现了逐个输出二维数组 *arrint* 的所有元素的功能。

```
int [,] arrint=new int[2,3]{{1,2,3},{4,5,6}};
foreach(int i in arrint)
{
    Console.Write(“{0}”,i);
}
```

5.4　本章实例

利用数组，设计“矩阵转置运算”程序，界面如图 5.1 所示。

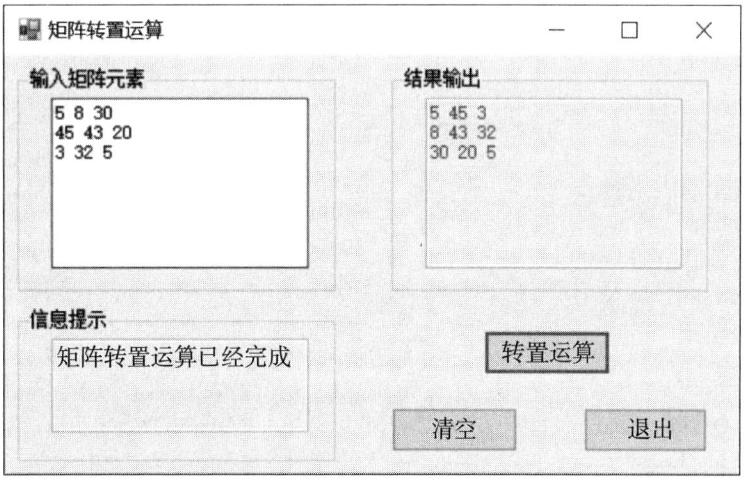

图 5.1　“矩阵转置运算”程序界面

(1)本例中用到的控件主要有 GroupBox、TextBox 及 Button。

(2)界面上添加的控件及相关属性设置如表 5.3 所示。

表 5.3 控件及相关属性设置

序号	控件	属性	属性值
1	GroupBox	Name	gbx_numin
		Text	输入矩阵元素
2	GroupBox	Name	gbx_msg
		Text	信息提示
3	GroupBox	Name	gbx_numout
		Text	结果输出
4	TextBox	Name	tbx_numin
		Text	空
5	TextBox	Name	tbx_msg
		Enabled	False
6	TextBox	Name	tbx_numout
		Enabled	False
7	Button	Name	btn_inverse
		Text	转置运算
		Enabled	False
8	Button	Name	btn_clear
		Text	清空
9	Button	Name	btn_exit
		Text	退出

程序代码如下。

```
namespace 矩阵转置
{
    public partial class Form1 : Form
    {
        public Form1()
        {
            InitializeComponent();
        }

        class Mmatrix //Matrix 与 c#中原有的一个类重名,故用 Mmatrix 命名
        {
            private string[,] juzhenstr;      //用一个字符串数组表示输入矩阵
            public string[,] StrZhen      //声明属性值对数组变量同样适用
            {
                get{return juzhenstr;}
                set{juzhenstr=value;}
```

```
    }

    public Mmatrix(string str)      //构造函数,声明即带两种形式数组属性值
    {
        juzhenstr=Savestr(str);     //将输入的字符串保存为二维字符串数组
    }

    private string[,] Savestr(string str) //将输入的字符串转化为字符数组
    {
        str=str.Replace("\r\n", "#");
        str=str.TrimEnd('#');

        //获取此矩阵的行数和列数,此处 fenbian_a 取 1,表示矩阵第二行
        string[] fenbian_a=str.Split('#');
        string[] fenbian_b=fenbian_a[0].Split('');

        int i=fenbian_a.Length;
        int j=fenbian_b.Length;

        //遇到空格和换行就分割,把矩阵打散成数字字符数组
        string[] sArray=str.Split(new string[] { "", "#" },
                        StringSplitOptions.RemoveEmptyEntries);

        //定义二维数组,并把 sArray 放进去
        string[,] juzhen=new string[i, j];

        //定义计数工具变量(二维索引值)
        int p=0;
        int q=0;

        foreach (string a in sArray)     //放入
        {
            juzhen[p, q]=a;     //先运算
            q++;     //后自增

            if (q==j)//由于 q 从 0 累计,j 从 1 开始,q=j 时刚好第 j 列已经录入完
            {
                p++;
                q=0;
            }
        }
        return juzhen;
    }

    public Mmatrix Zhuanzhi()      //此函数用来对字符数组进行转置
    {
        //获取输入矩阵的行数与列数,维数从 0 开始
        int i=this.StrZhen.GetLength(0);
```

```
        int j=this.StrZhen.GetLength(1);

        //定义一个二维数组用于转置
        string[,] zhuanzhi= new string[j, i];

        //计数工具
        int p=0;
        int q=0;
        foreach (string a in this.StrZhen)      //转置
        {
            zhuanzhi[p, q]=a;
            p++;
            if (p==j)
            {
                q++;
                p=0;
            }
        }
        return new Mmatrix(Outstr(zhuanzhi));
    }
    public static string Outstr(string[,] strs)
    //静态函数用于将字符数组转化为字符串,在输出矩阵时使用
    {
        //获取输入矩阵的行数与列数,维数从 0 开始
        int i=strs.GetLength(0);
        int j=strs.GetLength(1);
        //声明一个 string 变量 comstr,整理数组并输出,用计数工具求变量 p、q
        int p=0;
        int q=0;
        string comstr="";
        foreach (string a in strs)
        {
            comstr+=a+"";
            p++;
            if (p==j)//此处的矩阵 1 行有 j 个元素
            {
                comstr=comstr.TrimEnd('');
                comstr+="\r\n";
                q++;
                p=0;
            }
            if (q==i)
            {
                comstr=comstr.TrimEnd("/r/n".ToCharArray());
            }
        }
        return comstr;
    }
```

```
        }
        private void btn_clear_Click(object sender, EventArgs e)
        {
            tbx_msg.Text="";
            tbx_numin.Text="";
            tbx_numout.Text="";
        }

        private void btn_exit_Click(object sender, EventArgs e)
        {
            this.Close();
        }

        private void btn_cal_Click(object sender, EventArgs e)
        {
            if (tbx_numin.Text.Equals(""))
            {
                tbx_msg.Text="请输入矩阵。";
                tbx_numin.Focus();
            }
            else
            {
                Mmatrix juzhen=new Mmatrix(tbx_numin.Text);

                //juzhen 对象含有 1 个对应输入矩阵的数组变量以及其对应的属性值
                var juzhen_zhuanzhi=juzhen.Zhuanzhi();//声明一个承接矩阵
                tbx_numout.Text=Mmatrix.Outstr(juzhen_zhuanzhi.StrZhen);
                tbx_msg.Text="矩阵转置计算已经完成";
            }
        }
    }
}
```

习题五

一、选择题

1.正确定义二维数组 b 的方式是______。

A.int b[][];　　B.int b(3,4);

C.int[,]b;　　D.int[3,4]b;

2.以下______选项可用于访问 Arr 数组中的第 n 个元素。

A.Arr[n+1]　　B.Arr[n]　　C.Arr[n−1]　　D.Arr[n/2]

3.如果有定义数组的语句“int [,]b=new int[5,6];”,则正确的数组元素应该是______。

A.b(3,4);　　B.b(3)(4)　　C.b[3][4];　　D.b[3,4];

二、简答题

1.简述 C# 中一维数组的定义和初始化方法。

2.简述C#中二维数组的定义和初始化方法。

3.简述C#和C中，关于数组的定义和初始化方法有哪些不同。

三、编程题

结合本章的实例，利用数组，设计“矩阵相乘运算”程序，界面如图5.2所示。

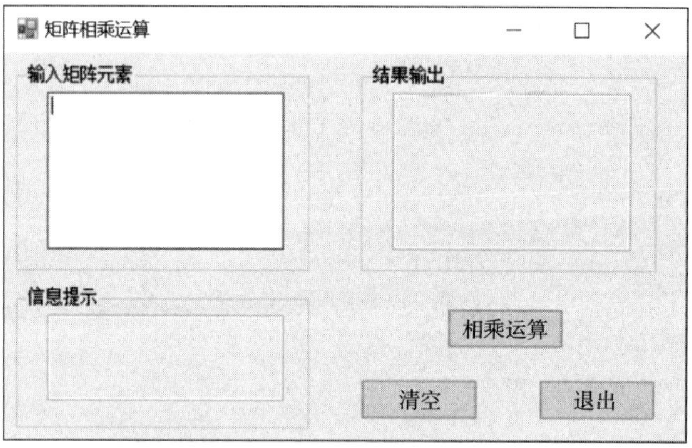

图5.2 “矩阵相乘运算”程序界面

第6章　类

C＃是面向对象的编程语言，与面向过程的编程语言相比，最大的不同就是类和对象。C＃通过类和对象将一系列相关的方法和数据相结合，形成一个有机的整体，便于在程序的其他地方进行调用。

6.1　类的简介

6.1.1　类的概述

类是C＃中功能最强大的数据类型，它定义了数据类型的数据和行为。创建了类之后，类中的数据和方法可以直接或间接被使用。

面向对象程序设计中，类的设计非常重要，是软件开发中非常关键的一步，如果设计得当，既有利于程序的扩展，又可以提高代码的可重用性。

类使用class关键字进行定义，其语法格式如下。

```
public class 类名
{


}
```

类名位于class关键字的后面，且必须是合法的C＃标识符。类的主体定义在“{}”内，包含类的各种成员。格式中省略的主体即为类的声明。

类的三大特性为封装性、继承性和多态性。

封装性使类和对象的属性和实现细节被隐藏，仅对外公开接口，控制程序中属性的读取和修改的访问级别。类提供了三种可选的访问级别：public、protected和private。通过设定不同数据的访问级别，自定义数据的访问权限，可以实现保护数据和共享数据的统一。

C＃中的类还支持继承，被继承的类为基类，继承基类的类为派生类。派生类可以使用基类的数据，并创建自己的数据和行为。

多态建立在继承的基础上，是指除了在基类的基础上增加数据和方法，还可以通过不同的方式将基类中的方法重新定义。

6.1.2　类的成员

类包含数据和行为。数据使用字段来表示，并通过属性进行控制。类的行为称为方法，访问类时，首先执行类的构造函数，类的访问结束时，执行析构函数。类的成员有字段、属性、事件、方法、构造函数和析构函数等。

（1）字段，用于存储设计类所需要的数据，又称数据成员。

（2）属性，类中像字段一样能够被访问的方法。属性可以为字段提供保护，避免字段在对象不知道的情况下被更改。

(3)事件,向其他对象提供事件(如单击鼠标左键)发生时通知的方式。

(4)方法,定义类中可以执行的操作。方法可以接收提供输入数据的参数,并且可以通过参数返回输出数据,也可以不使用参数而直接返回值。

(5)构造函数,第一次创建对象时调用的函数,通常用于初始化对象的数据。

(6)析构函数,当对象即将从内存中移除时由运行库执行引擎调用的函数,以类名加“~”来命名,通常用来确保需要释放的资源都得到清除。

【例 6.1】声明一个描述二维坐标的类 CoordXY,具体代码如下。

```
public class CoordXY                          //定义类
{

    public double x;                          //字段,定义类的变量
    public double y;

        public CoordXY()                      //构造函数,初始化变量
        {
            x=100;
            y=100;
         }

        public void set(int x0,int y0)        //属性
        {
             x=x0;
             y=y0;
        }

        public void dispcoord()               //方法
        {

            Console.WriteLine("{0}{1}{2}",x,y,z);
        }

        ~CoordXY()                            //析构函数,释放资源
        {

        }
}
```

6.1.3 可访问性

类定义中使用的访问修饰符在 3.5.1 小节中已经做了介绍,类和类的成员都可以使用访问修饰符限定访问权限。

通过访问修饰符,可以达到以下两个方面的目的。

(1)限制类,只有声明类的程序或命名空间才能使用它们。

(2)限制类成员,只有派生类以及当前命名空间或程序中的类才能使用它们。

C＃中声明类时，可以对字段赋值，可以将 6.1.2 小节中的代码修改如下。

```
private double x=1010.25;
```

此时，CoordXY 类的每个对象的 x 字段都有默认值 1 010.25。

访问修饰符不影响类及其成员，它始终能够访问自身及其所有成员。除使用 protected internal 组合，一个成员或类只能有一个访问修饰符。命名空间不允许使用访问修饰符，也没有访问限制。

如果声明中未使用访问修饰符，则认为使用默认的可访问性。类和类的成员的默认访问修饰符如下。

(1)类的默认访问修饰符为 internal。

(2)类的成员的默认访问修饰符为 private。

(3)构造函数的默认访问修饰符为 public。

(4)析构函数不能显式使用访问修饰符，其默认访问修饰符为 private。

(5)嵌套类型的默认访问修饰符为 private。

派生类的可访问性不能高于基类，也就是说内部基类不能派生出公共访问属性的派生类，否则基类的访问性将失去控制，可以直接从派生类调用。成员的可访问性不能高于包含类的可访问性。

6.2 类和对象

类定义了对象的类型，但它不是对象本身。对象是基于类的具体实现，又称为类的实例。全站仪是测绘地理信息行业的常用仪器，可以将其视为类。全站仪又有很多具体的品牌和型号，对应的具体型号全站仪即为类的对象。程序中的类也有实例化的对象，实例化的对象可以直接访问类的非静态成员。

6.2.1 对象

对象是类的一个实例，一个类可以有多个对象，对象与对象之间没有联系。类中可以定义实例成员和静态成员，其中，静态成员在访问时需要由类直接访问，实例成员可以由对象访问。

对象名称的定义规则与变量名称的定义规则相同。创建类的实例成员后，程序设计人员可以通过对象访问类，包括为字段赋值、操作字段和访问类的方法。

对象的创建使用 new 关键字，例如，创建类 CoordXY 的对象 $p1$，其语法格式如下。

CoordXY p1=new CoordXY();

该例中，$p1$ 是对基于 CoordXY 的对象的引用。$p1$ 引用了新对象，但不包含对象数据本身。对象可以在不创建引用的情况下声明，其语法格式如下。

CoordXY p1;

这里的对象是空的，没有赋值。如同声明变量，对象必须赋值才能使用，格式如下。

CoordXY p1;

p1＝new CoordXY();

对象也可以通过其他同类型对象赋值，其语法格式如下。

CoordXY p1=new CoordXY();

CoordXY pt=p1;

通过对象访问类的成员需要在对象名称后加“.类成员”，例如通过对象 *p*1 访问类 CoordXY 的字段 *x* 和方法 dispcoord，其语法格式如下。

CoordXY p1= new CoordXY();

p1.x= 1010.25;

p1.dispcoord();

通过类将字段和方法结合在一起，尤其是将使用较为频繁的功能定义为方法放在类中，再通过创建对象进行调用，可以保护字段和方法，同时也可以避免代码的重复和冗余。

需要注意的是，对象只能调用类的共有成员，不能调用类的私有成员和受保护成员。

6.2.2 静态类和静态成员

静态类是类的一种，与非静态类的唯一区别是静态类不能被实例化，也就是不能使用 new 关键字创建静态类的实例对象。但静态类的字段和方法并不是无法被访问，而是需要通过类本身进行访问。

静态类和静态类的成员也是对字段和方法的保护，静态类中的所有成员都是静态成员。静态类的声明或定义是在 class 关键字前加 static 关键字，如定义静态类 total_station，代码如下。

```
public static class total_station
{
    public static string writename()
    {
        return"静态成员";
    }
}
```

除了静态类，一般的类也可以有静态成员。静态成员是不能被对象访问的，需要通过类才能访问，在类名后加“.类成员”访问类的成员。如访问静态类 total_station 的静态方法 writename，其语法格式如下。

total_station.writename();

在加载类时，首先调用构造函数，静态类也是如此，但是，静态类的构造函数仅调用一次。在应用程序的生存周期内，静态类一直保留在内存中。

静态类有以下四个特点。

(1)静态类的所有成员都是静态成员。

(2)静态类不能被实例化。

(3)静态类是密封的，不能被继承。

(4)静态类不能包含实例构造函数，但可以定义静态构造函数。

无论一个类创建多少个实例，它的静态成员只有一个副本。静态方法和属性不能访问其包含类型中的非静态字段和事件，并且不能访问任何对象的实例变量，除非在方法参数中显式传递。

静态成员有以下四个特点。

(1)含有静态成员的类必须由静态构造函数进行初始化。

(2)静态字段通常用来记录实例对象的个数或存储该类所有对象共享的值。

(3)静态方法可以被重载,但不能被重写。

(4)局部变量不能被声明为静态变量,如方法中不能声明静态变量。

6.3 字段和属性

字段是类中定义的变量,属性可以控制字段的访问。类中定义了一系列相关的数据和行为,字段和属性以不同的方式控制类中的数据。

6.3.1 字段

字段默认为 private 类型,仅供类内部的程序访问,不能被类以外的程序访问。字段可以声明为任何类型,包括变量类型、可访问类型和静态类型。

字段可以标记为 public、private、protected、internal、protected internal 类型,也可以使用 readonly 关键字声明为只读类型。

只读字段只能在初始化时或在构造函数中赋值,静态的只读字段类似于常量,只是只读字段不能在编译时访问,只能在运行时访问。

字段通常有以下四个特点。

(1)字段可以被类的多个方法访问。

(2)字段的声明周期比类中单个方法的声明周期长。

(3)字段可以在声明时赋值,但如果构造函数包含了字段的初始值,则字段声明值将被取代。

(4)字段初始值不能引用其他实例字段,但可以是其他类的静态字段。

6.3.2 属性

属性结合了字段和方法的性质,可以看作特殊的方法,也可以像字段一样使用。具体使用方法如下。

(1)属性可以看作字段,访问属性与访问字段的语法和结果一样。

(2)属性表示一个 get 访问器或者一个 set 访问器,或者同时具有 get 和 set 两个访问器。

属性使类能够以一种公开的方法获取和设置值,同时实现了代码的隐藏。属性可以标记为 public、private、protected、internal、protected internal 类型。属性与其他成员不同,其中含有 get 和 set 访问器的代码块,但是同一属性的 get 和 set 访问器可以具有不同的访问修饰符。

除了访问修饰符,属性还可以有以下四种标记。

(1)使用 static 关键字将属性声明为静态属性。

(2)使用 virtual 关键字将属性标记为虚属性。

(3)使用 sealed 关键字标记,表示它对派生类不再是虚拟的。

(4)使用 abstract 声明属性,在派生类中实现。

属性在类中是按以下方式来声明的:指定字段的访问级别,然后指定属性的类型和名称,最后声明 get 访问器和 set 访问器的代码块。

属性声明的语法格式如下。

可访问属性 类型 名称

```
{
    get{}
    set{}
}
```

get 访问器和 set 访问器都是可以省略的，不具有 set 访问器的属性是只读属性，不具有 get 访问器的属性是只写属性，同时具有这两个访问器的属性是读写属性。它们的用法及特点如下。

(1)get 访问器与方法相似。它必须将返回属性类型的值作为属性的值，当引用属性时，若没有为属性赋值，则调用 get 访问器获取属性的值。

(2)get 访问器必须以 return 或 throw 语句终止，并且控制权不能离开访问器。

(3)get 访问器除了直接返回字段值，还可以通过计算返回字段值。

(4)set 访问器类似于返回类型为 void 的方法，它使用属性类型的 value 隐式参数，当对属性赋值时，用提供新值的参数调用 set 访问器。

(5)在 set 访问器中，对局部变量声明使用 value 隐式参数是错误的。

【例 6.2】对例 6.1 中的二维坐标类 CoordXY 进行修改，使用 get 和 set 访问器定义相关属性。

具体代码如下。

```
public class CoordXY                    //定义类
{
    private double x;                   //字段,定义类的变量
    private double y;

    public double X                     //属性:X 坐标
    {
        get{return x;}
        set{x=value;}
    }

    public double Y                     //属性:Y 坐标
    {
        get{return y;}
        set{y=value;}
    }

    public void Addcoord()              //方法
    {
        X=X+100;
        Y=Y+100;
    }
```

```
    public CoordXY(double a,double b)   //有参构造函数
    {
        x=a;
        y=b;
    }
    public CoordXY()                    //无参构造函数
    {
        x=100;
        y=100;
    }
}
```

6.4 方法

6.4.1 方法的概念

从本质上讲，方法是和类相关联的动作。方法包含一系列的代码块，用户可以通过方法来操作类的私有字段。

方法的定义格式如下。

修饰符 返回类型 方法名(参数列表)

{

  //方法的具体实现

}

其中，“修饰符”可以省略，其默认值为 private。“返回类型”表示该方法返回数据的类型，它可以是任何有效的类型。如果方法不需要返回一个值，其返回类型必须是 void。“参数列表”是用逗号分隔的类型和标识符。这里的参数是形参，它本质上是变量，用于在调用方法时接收实参传给方法的值；“参数列表”可以为空，表示方法没有参数。

6.4.2 方法的返回值

方法可以返回特定的值。如果返回类型不是 void，则该方法可以用 return 关键字来返回值，return 关键字还可以用于停止方法的执行。下面的代码就是使用 return 关键字返回变量 *du* 的值。

```
public class Angle_Du
{
    int du;
    public int addnum(double d,double f,double m)
    {

      du=d+f/60+m/3600;
      return du;
    }
}
```

6.4.3 方法的参数

方法的参数是不同方法间互动的纽带，其主要作用是方便用户对数据的操作。方法的参数主要有以下四种类型。

1.值参数

值参数不含任何的修饰符，当利用值向方法传递参数时，编译程序首先复制实参的值，其次将复制值传递给该方法，因此，被调用的方法不会修改内存中实参的值，使用值参数可以保证实参的值的安全性。调用方法时，如果形参的类型是值参数，那么所调用的实参的表达式必须是值表达式。

2.引用型参数

以 ref 修饰符声明的参数属于引用型参数。引用型参数本身不创建新的存储空间，而是将实参的存储地址传递给形参，所以对形参的修改会影响原来实参的值。调用方法前，引用型实参的存储空间必须初始化，在调用方法时，对应引用型参数的实参也必须使用 ref 修饰符。

3.输出型参数

以 out 修饰符声明的参数属于输出型参数。与引用型参数类似，输出型参数本身也不创建新的存储空间。其与引用型参数的差别在于，调用方法前无须对变量进行初始化。输出型参数用于传递方法返回的数据，out 修饰符后应跟随与形参类型相同的参数，用来声明在方法返回后传递的变量经过了初始化。

4.数组型参数

以 params 修饰符声明的参数属于数组型参数，用于表示一个可变长度的参数数组。方法声明中的 params 关键字之后不允许跟随任何其他参数，并且方法声明中只允许有一个 params 关键字。数组型参数不能使用 ref 和 out 修饰符。

6.4.4 方法重载

方法重载是指方法名相同，但参数类型或者次序不同的方法。如果有一个类中有两个以上的同名方法，且方法的参数类型或者个数不同，编译器就能够自动判断在哪种情况下调用哪种方法。

C#中引入了成员签名的概念。成员签名包含成员的名称和参数列表，每个成员签名在类中必须是唯一的，只要成员的参数列表不同，成员的名称可以相同。如果同一个类有两个或多个这样的成员（方法、属性、构造函数等），它们具有相同的名称和不同的参数列表，则称该同类成员进行了重载，但它们的成员签名是不同的。

下面的代码实现了 MethodTest 方法的重载（假设它们都是某个类的成员），它们是不同的成员签名。

```
public int MethodTest(int i,int j)
{
    //代码
}
public int MethodTest(int i)
{
```

```
        //代码
    }
    public string MethodTest(string str)
    {
        //代码
    }
```

6.5 事件

事件是可以被控件识别的操作，如单击“确定”按钮、选择某个单选按钮或者复选框。每一种控件有自己可以识别的事件，如窗体的加载(Load)，按钮的单击(Click)、双击(DoubleClick)，文本框的文本改变(TextChanged)等。

事件可以分为系统事件和用户事件。系统事件由系统激发，如每隔 24 小时导航卫星的观测时间增加 1 天。用户事件由用户激发，如用户单击“计算”按钮。事件驱动控件执行某项功能，如用户单击“计算”按钮后，可以执行程序的计算操作。

.NET Framework 中，事件是将事件发送者(触发事件的对象)与事件接收者(处理事件的方法)相关联的一种代理类，即事件机制是通过代理类来实现的。当一个事件被触发时，由该事件的代理类来通知(调用)处理该事件的相应方法。

C# 中事件机制的具体工作过程如下。

(1)将实际应用中需通过事件机制解决的问题对象注册到相应的事件处理程序上，表示今后当该对象的状态发生变化时，该对象有权使用它注册的事件处理程序。

(2)当事件发生时，触发事件的对象就会调用该对象所有已注册的事件处理程序。

6.6 构造函数和析构函数

构造函数和析构函数是类中的 public 成员函数，分别用于初始化对象和回收对象资源。

6.6.1 构造函数

构造函数是创建类对象时自动执行的函数，主要作用是在声明对象时即对对象进行初始化。构造函数具有以下六个方面的特征。

(1)构造函数名与类名相同。

(2)构造函数不声明返回类型，也就是说它既不属于返回值函数，也不属于 void 函数。

(3)构造函数可以重载，即一个类可以有多个构造函数，其所有构造函数的名称都必须与类名相同，但参数各不相同。

(4)创建类对象时，构造函数会被自动调用，不需要像其他函数那样进行调用。

(5)构造函数的代码通常只进行对象的初始化工作，不执行其他操作。

(6)构造函数不能被继承。

对于构造函数的调用，通常有以下两种情况。

1.调用默认构造函数

不带参数的构造函数为默认构造函数。声明类对象时，需使用 new 关键字实例化对象，但不为 new 提供任何参数，系统会自动调用默认构造函数，其语法格式如下。

类名 对象名=new 类名();

一个类定义必须有且至少有一个构造函数。如果类中没有定义构造函数，那么系统会自动创建一个默认的不包含任何语句的无参构造函数以实例化对象，其中的所有字段都被设置为相应的默认值。

如果类中已经存在了带参数的构造函数，C# 编译器将不会自动创建无参的构造函数，此时需要程序设计人员添加无参的构造函数。

2.调用带参数的构造函数

对于类中带参数的构造函数，其调用的语法格式如下。

类名 对象名=new 类名(参数列表);

其中，“参数列表”中的参数既可以是变量，也可以是表达式。

6.6.2 析构函数

析构函数与构造函数相反，当对象不再需要时，系统自动调用该类的析构函数确保对象占用的存储空间能够被收回。

析构函数具有以下四个方面的特征。

(1)析构函数在类对象销毁时自动执行。

(2)一个类只能有一个析构函数，且析构函数没有任何参数，也不返回任何值。

(3)析构函数的名称是“~”加类的名称。

(4)析构函数不能被继承。

6.7 继承

6.7.1 基类和派生类

继承性是面向对象程序设计的三大特性之一。继承的思想就是减少代码冗余，实现代码复用。继承从字面上理解，让人很容易想到某人继承某人的某些东西，映射到编程当中，其思想基本一致。

程序设计中的继承指的是在已有类的基础上构造新类，新类继承原有类的所有数据成员、属性、事件和方法。这里已有的类称为基类，新类称为派生类。任何类都可以从另外一个类继承而来，但为了避免层次结构过于复杂，C# 仅支持单继承而不支持多继承，即不允许一个派生类继承多个基类。

C# 中的继承有以下四个方面的特征。

(1)只允许单继承。

(2)继承可以传递，也就是说如果 C 从 B 派生，B 从 A 派生，那么 C 不仅继承 B 的字段、属性和方法，还继承 A 的字段、属性和方法。

(3)派生类可以添加新的字段、属性和方法，但不能删除基类的字段、属性和方法。

(4)派生类不能继承基类的构造函数和析构函数。

6.7.2　访问基类成员

1.base 关键字

使用 base 关键字可以访问当前对象的基类对象，进而调用基类对象的成员。

2.new 关键字

使用 new 关键字可以覆盖基类中的同名方法，但要求 new 关键字一定是放在成员的类型说明之前。

【例 6.3】在二维坐标 CoordXY 类基础上，派生三维坐标 CoordXYZ 类。

程序代码如下。

```
class CoordXYZ : CoordXY    //CoordXY 类是基类
{
    private double z;       //新增数据成员
    public double Z
    {
        get{return z;}
        set{z=value;}
    }

    public CoordXYZ(double m,double n,double k):base (m,n)
    {//base 的第一种用法:根据参数调用指定的基类构造函数,实现参数的传递
        z=k;
    }

    public new void Addcoord()   //覆盖基类 Addcoord 方法,注意 new 的用法
    {
    base.Addcoord();              //base 的第二种用法:访问基类被覆盖的方法
    Z=Z+100;
    }
}
```

习题六

一、选择题

1.现有两个类 Person 和 Chinese，要使 Chinese 类继承 Person 类，下列写法正确的是______。

A.class Chinese:Person{}

B.class Chinese::Person{}

C.class Chinese extends Person{}

D.class Chinese:extends Person{}

2.以下关于 C# 中的构造函数说法正确的是______。

A.构造函数可以没有参数　　B.构造函数有返回值

C.构造函数总是 private 类型的　　D.构造函数可以通过类的实例调用

3.面向对象程序设计中的“继承”指的是______。

A.对象之间通过消息进行交互

B.派生自同一个基类的不同类的对象，具有一些共同特征

C.对象的内部细节被隐藏

D.派生类对象可以不受限制地访问所有的基类对象

4.C#中，______类是所有类的基类。

A.Class　　B.Object　　C.System　　D.Base

5.构造函数在______被调用。

A.创建类对象时　　B.类定义时

C.使用对象的方法时　　D.使用对象的属性时

二、判断题

1.继承的主要作用是实现代码复用。

2.C#中不允许使用同名函数。

3.构造函数的作用是对象实例化。

4.在声明类的属性过程中，对属性的读操作用 set 关键字标出。

5.对象是抽象的，类是具体的。

三、编程题

基于本章中定义的 CoordXYZ 类，定义 CoordXYZBLH 类，利用 CoordXYZ 类和 CoordXYZBLH类编写“CGCS2000 大地坐标转空间直角坐标”程序，程序运行界面如图 6.1 所示。CGCS2000 椭球的半径 a=6 378 137km，扁率倒数 $1/f$=298.257 222 101，具体计算公式为

$$\left.\begin{aligned} X&=(N+H)\cos B\cos L\\ Y&=(N+H)\cos B\sin L\\ Z&=[N(1-e^2)+H]\sin B \end{aligned}\right\}$$

式中

$$N=\frac{a}{\sqrt{1-e^2\sin^2 B}}$$

$$e^2=\frac{a^2-b^2}{a^2}$$

$$f=\frac{a-b}{a}$$

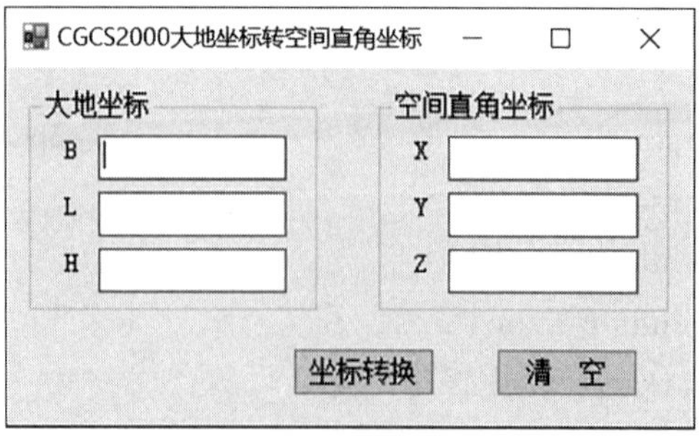

图 6.1 “CGCS2000 大地坐标转空间直角坐标”程序运行界面

第 7 章　Windows 窗体应用程序设计

图形化界面非常直观、便于操作，是 Windows 窗体应用程序的主要特征。C# 中的窗体是由一些控件组成的，也是程序图形界面设计的基础。熟练掌握各个控件的属性设置，并合理恰当地使用各种不同的控件，是进行 Windows 窗体应用程序设计的基础。

7.1　窗体设计

窗体是一个窗口或对话框，是存放各种控件（包括标签、文本框、命令按钮等）的容器，用于向用户显示信息。C# 中，窗体可以灵活使用，既可以同时显示所有窗体，也可以根据需要显示或隐藏某些窗体。

7.1.1　创建 Windows 窗体应用程序

一个 Windows 应用程序项目中，可以包含多个窗体。添加一个窗体的操作步骤包括：①在"创建新项目"页面，选择"创建新项目"，出现如图 7.1 所示的"创建新项目"对话框；②选中"Windows 窗体应用(.NET Framework)"，单击"下一步(N)"按钮，进入"配置新项目"对话框，如图 7.2 所示；③输入相应的项目名称（本例中默认项目名称为"WindowsFormsApp1"），选择项目存储的位置，单击"创建(C)"按钮，即可完成项目的创建并进入窗体设计界面，如图 7.3 所示。图 7.3 中，Form1 即为创建的空窗体。

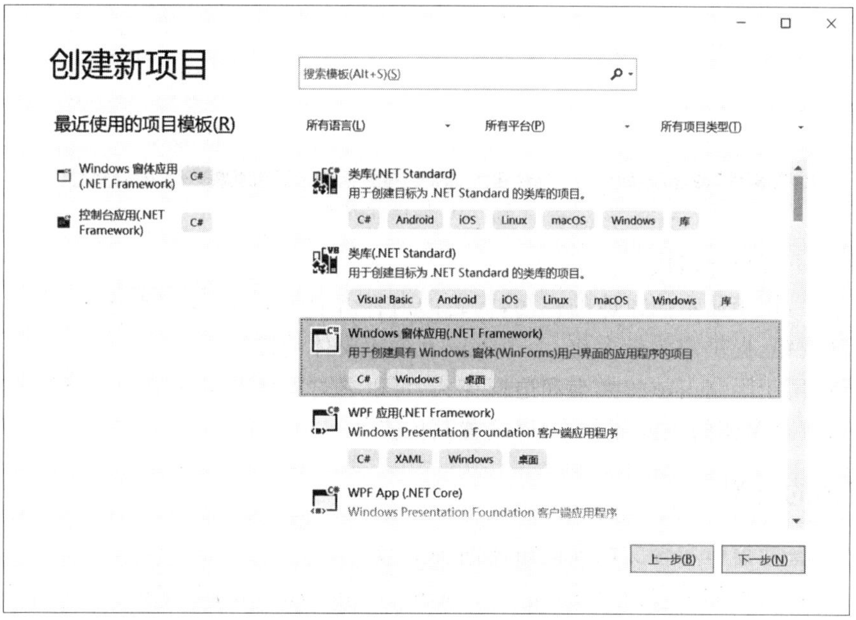

图 7.1　"创建新项目"对话框

图 7.2 “配置新项目”对话框

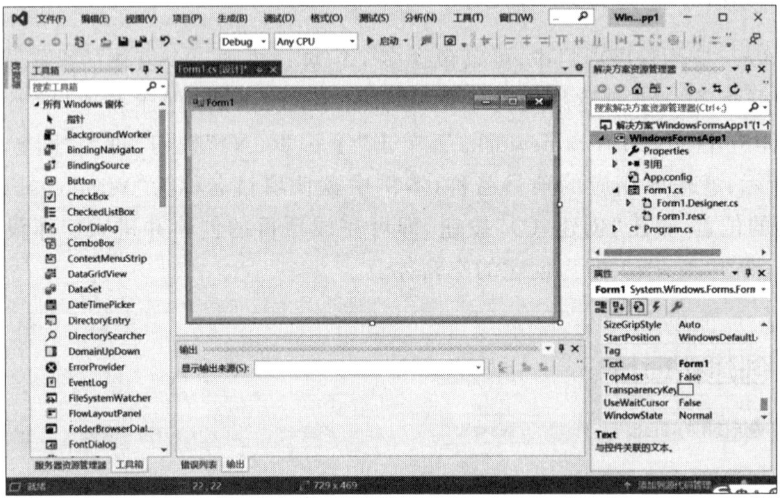

图 7.3 窗体设计界面

窗体由以下四部分组成。

(1)标题栏,用于显示该窗体的标题,标题的内容由窗体的 Text 属性指定。

(2)控制按钮,提供窗体最大化、最小化以及关闭窗体的按钮。

(3)边界,用于限制窗体的大小和边框样式,可以通过窗体的 FormBorderStyle 属性指定。

(4)窗口区是窗体的主要部分,可以放置其他控件。

7.1.2 窗体的类型

窗体分为普通窗体和多文档界面窗体两种类型。

(1)普通窗体,也称单文档界面(signal document interface,SDI)窗体,7.1.1 小节中创建的窗体即为普通窗体。普通窗体又分为模式窗体和无模式窗体两种。模式窗体在屏幕上显示后,用户必须响应,只有在它关闭后用户才能操作其他的窗体或程序。无模式窗体在屏幕上显示后，用户可以不必响应，可以随意切换到其他窗体或程序进行操作。通常情况下，当建立新的窗体时，都默认设置为无模式窗体。

(2)多文档界面(multiple document interface，MDI)窗体，其中可以放置多个 MDI 子窗体。

7.1.3　窗体的常用属性

窗体的属性很多，包括布局属性、样式属性、外观属性、行为属性等，下面仅对其常用属性进行说明。

(1)布局属性，窗体的常用布局属性及说明如表 7.1 所示。

表 7.1　窗体的常用布局属性及说明

属性	说明
Location	获取或设置窗体的左上角在桌面坐标系中的坐标，默认值为坐标原点(0,0)
Size	获取或设置窗体的大小。它有 Height 和 Width 两个值，分别表示窗体的高度和宽度
StartPosition	获取或设置运行时窗体的起始位置，其主要取值如下。 ①Manual：窗体的位置由 Location 属性确定。 ②CenterScreen：窗体在当前显示窗口中居中，其尺寸在窗体大小中指定。 ③WindowsDefaultLocation：窗体定位在 Windows 默认位置，其尺寸在窗体大小中指定。 ④WindowsDefaultBounds：窗体定位在 Windows 默认位置，其边界也由 Windows 默认决定。 ⑤CenterParent：窗体在其父窗体中居中
WindowsState	获取或设置窗体的窗口状态，其主要取值如下。 ①Normal：默认大小的窗口(默认值)。 ②Minimized：最小化的窗口。 ③Maximized：最大化的窗口

(2)样式属性，窗体的常用样式属性及说明如表 7.2 所示。

表 7.2　窗体的常用样式属性及说明

属性	说明
ControlBox	指示是否在窗体的标题栏中显示控件框
HelpButton	指示是否在窗体的标题栏中显示“帮助”按钮
Icon	设置窗体标题栏中的图标
MaximizeBox	指示是否在窗体的标题栏中显示“最大化”按钮
MinimizeBox	指示是否在窗体的标题栏中显示“最小化”按钮
ShowIcon	指示是否在窗体的标题栏中显示图标
ShowInTaskbar	指示是否在 Windows 任务栏中显示窗体
TopMost	指示该窗体是否应显示为最顶层窗体

(3)外观属性，窗体的常用外观属性及说明如表 7.3 所示。

表 7.3 窗体的常用外观属性及说明

属性	说明
BackColor	获取或设置窗体的背景色
BackgroundImage	获取或设置窗体中显示的背景图像
Cursor	获取或设置当鼠标指针位于控件上时显示的光标
Font	获取或设置窗体显示的文字字体
ForeColor	获取或设置窗体的前景色
FormBorderStyle	获取或设置窗体的边框样式,其取值如下。 ①None:无边框。 ②FixedSingle:固定的单行边框。 ③Fixed3D:固定的三维边框。 ④FixedDialog:固定的对话框样式的粗边框。 ⑤Sizable:可调整大小的边框(默认值)。 ⑥FixedToolWindow:不可调整大小的工具窗口边框。 ⑦SizableToolWindow:可调整大小的工具窗口边框
Text	窗体顶部标题栏中显示的标题

其中,Font 的常用属性及说明如表 7.4 所示。

表 7.4 Font 的常用属性及说明

属性	说明
Name	获取 Font 的字体名称
Size	获取 Font 的大小,单位为 Unit 属性指定的单位
Unit	获取 Font 的度量单位
Bold	指示 Font 是否为粗体
Italic	指示 Font 是否为斜体
Strikeout	指示 Font 是否指定贯穿字体的横线
Underline	指示 Font 是否有下划线

(4)行为属性,窗体的常用行为属性及说明如表 7.5 所示。

表 7.5 窗体的常用行为属性及说明

属性	说明
AllowDrop	获取或设置一个值,该值指示控件是否可以接受用户拖放到它上面的数据
Enabled	指示是否启用该控件,获取或设置一个值,该值指示控件是否可以对用户交互做出响应
AcceptButton	获取或设置当用户按 Enter 键时所单击的按钮控件
CancelButton	获取或设置当用户按 Esc 键时所单击的按钮控件

7.1.4 窗体的常用事件

窗体的常用事件及说明如表 7.6 所示。

表 7.6 窗体的常用事件及说明

事件	说明
Activated	当使用代码激活或用户激活窗体时发生
Click	单击窗体时发生
Closed	关闭窗体后发生
Closing	关闭窗体时发生
DoubleClick	双击窗体时发生
Load	第一次显示窗体前发生
MouseClick	单击该控件时发生
MouseDoubleClick	双击该控件时发生
MouseDown	鼠标指针位于控件上并按下鼠标左键时发生
FormClosing	窗体关闭过程中发生
FormClosed	用户或 Application 类的 Close 方法或 Exit 方法关闭窗体后发生

7.1.5 窗体的常用方法

窗体的常用方法及说明如表 7.7 所示。

表 7.7 窗体的常用方法及说明

方法	说明
Activate	激活窗体并给予它焦点
Close	关闭窗体
Focus	为控件设置输入焦点
Hide	对用户隐藏控件
Show	将窗体显示为无模式对话框
ShowDialog	将窗体显示为模式对话框

7.1.6 窗体上各事件的触发顺序

当一个窗体启动时，执行事件过程的次序为：①本窗体上的 Load 事件过程；②本窗体上的 Activated 事件过程；③本窗体上的其他 Form 事件过程；④本窗体上包含对象的相应事件过程。

当一个窗体被卸载时，执行事件过程的次序为：①本窗体上的 Closing 事件过程；②本窗体上的 FormClosing 事件过程；③本窗体上的 Closed 事件过程；④本窗体上的 FormClosed 事件过程。

7.1.7 焦点与 Tab 键次序

焦点(Focus)是指当前处于活动状态的窗体或控件。Windows 操作系统中,可以同时运行几个应用程序,但只有具有焦点的应用程序窗口才能够接收用户的输入,多个控件组成的 Windows 窗体中,只有具有焦点的控件才可以接收用户的输入。单击控件或按下选定控件的访问键(由 Text 属性设置)均可以使其获得焦点。

Tab 键次序就是在按 Tab 键时,焦点在控件间移动的顺序。当向窗体中放置控件时,系统会自动按顺序为每个控件指定一个 Tab 键次序,其先后顺序由控件的 TabIndex 属性设定,其中,TabIndex 属性值为 0 的控件为第一个,属性值为 1 的控件为第二个,以此类推。

窗体上设计好控件后,可以选择"视图(V)"菜单→"Tab 键次序"命令查看各种控件的 TabIndex 属性值,也可以按顺序单击各控件改变它们的顺序。当再次选择"视图(V)"菜单→"Tab 键次序"命令时,不再显示各控件的 TabIndex 属性值。

窗体运行时,可以通过 Tab 键将焦点移到下一个控件,若下一个控件不能获得焦点(如控件的 Enabled 属性为 False,或标签类控件没有焦点),这样的控件将被跳过。

C# 提供了焦点控制的方法 Focus。例如,要将焦点移到当前窗体中的 textbox1 文本框,可以使用以下语句:

```
textbox1.Focus();
```

7.2 常用控件的设计

7.2.1 控件概述

控件是包含在窗体上的对象,是 Windows 应用程序界面的基本元素,也是 C# 可视化程序设计的重要工具。使用控件可以减少程序设计中大量重复性的工作,提高程序设计效率。要快捷地编写出好的程序,必须掌握各种控件的功能、用途,以及常用的属性、事件和方法。

"工具箱"中包含了创建应用程序所需的各种控件,并根据不同用途将控件分为若干选项卡。用户可以根据用途单击相应的选项卡,将其展开,选择所需要的控件。

控件的外观和行为,如控件的大小、颜色、位置以及使用方法等,是由其属性决定的。不同的控件拥有不同的属性,且系统为它提供的默认值也不同。大多数默认值设置比较合理,能满足一般情况下的需求。使用控件时,只需修改少数的属性值。有些属性属于公共属性,适用于大多数控件或所有控件。此外,每个控件还有专门的属性。

大多数控件的基本共有属性如下。

1.Name 属性

每个控件都有一个 Name(名称)属性。C# 会给每个新产生的控件指定一个默认名称,一般由控件类型和序号组成,如 button1、button2 等。应用程序中,可以通过 Name 属性引用该控件。程序设计中,可以将控件的默认名称修改为更具有实际代表意义的名称,如 btn_Cancel。

2.Text 属性

大多数控件都有一个获取或设置文本信息的 Text 属性,如按钮(Button)、标签(Label)和窗体(Form)等控件都是使用 Text 属性设置文本信息的。

3.Size 和 Location 属性

控件一般都有 Size(设置控件大小)和 Location(设置控件位置)属性。Size 属性用于设置控件的宽度和高度,Location 属性用于设置控件相对于它所在容器类控件左上角的 *X*、*Y* 坐标值。这两个属性均可以通过输入数值进行设置,其值也会分别随着控件的缩放和拖动而改变。

用鼠标单击窗体中的一个控件时,如图 7.4 所示,控件(button1)周围会出现 8 个白色小方块,拖拽这些小方块可以改变控件的大小,“属性”窗口中的 Size 属性值会随之发生变化。

用鼠标拖动控件移动时,控件的 Location 属性值也将随之改变。

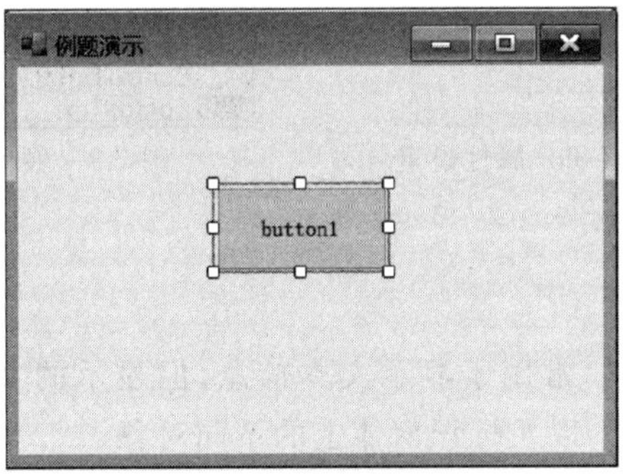

图 7.4　改变控件大小

4.Font 属性

Font 属性用于改变控件上显示文字的字体和大小,具体方法是:在“属性”窗口单击 Font 属性,此时右边会显示[...]按钮(图 7.5),单击该按钮,会弹出“字体”对话框(图 7.6),通过“字体”对话框可以设置文字的字体、字形和大小等内容。

图 7.5　Font 属性设置

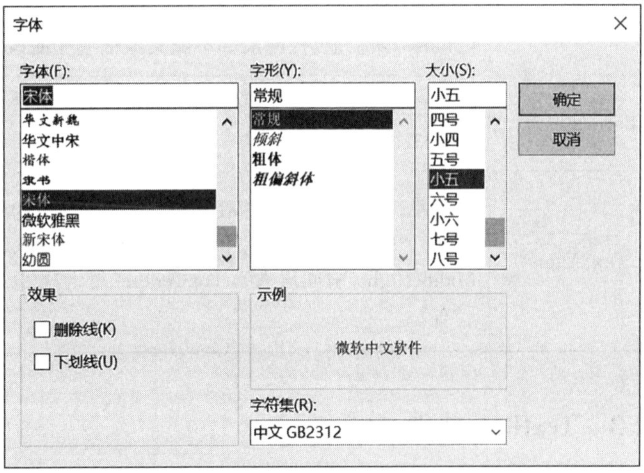

图 7.6　“字体”对话框

5.BackColor 和 ForeColor 属性

BackColor 属性表示控件的背景颜色,ForeColor 属性表示控件要显示的文字或图形的颜色。

设置控件颜色的方法是,在“属性”窗口单击 BackColor 或 ForeColor 属性,其右侧会显示按钮(图 7.7)、单击该按钮,会弹出一个列表框(图 7.8),此时,可以从标准的系统颜色列表中选择一种颜色,也可以从“自定义”调色板中选择一种颜色。

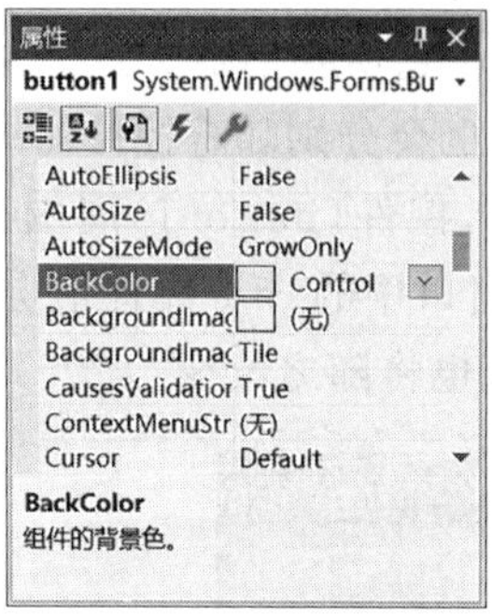

图 7.7 BackColor 属性设置

图 7.8 颜色列表

7.2.2 Label 控件

Label 控件又称标签控件,常用于显示文本信息,但显示的文本信息不能编辑。因而,常用来显示标题、数据处理结果,以及标识窗体上的不同对象。

“工具箱”中,PictureBox 控件的图标为 A Label。

Label 控件一般不用于触发事件,其常用属性及说明如表 7.8 所示。

表 7.8 Label 控件的常用属性及说明

属性	说明
AutoSize	设置控件是否自动调整大小以显示所有内容,有 True 和 False 两个值。 True:控件大小随文本框改变而改变。 False:默认值,控件大小不随文本框改变而改变
BorderStyle	设置控件的边框特效,有 3 个值,分别为:None(无风格),FixedSingle(单边风格),Fixed3D(3D 风格)
TextAlign	设置控件显示的文本对齐方式,其值为:BottomCenter(靠下居中),BottomLeft(靠下居左),BottomRight(靠下居右),MiddleCenter(中间居中),MiddleLeft(中间居左),MiddleRight(中间居右),TopCenter(靠上居中),TopLeft(靠上居左),TopRight(靠上居右)

7.2.3 TextBox 控件

TextBox 控件又称文本框控件,常用于输入信息,也可以用于显示、编辑、修改文本内容。

“工具箱”中,TextBox 控件的图标为 abl TextBox。

TextBox 控件的常用属性及说明如表 7.9 所示。

表 7.9　TextBox 控件的常用属性及说明

属性	说明
Text	TextBox 控件显示的文本信息
MaxLength	TextBox 控件允许输入的字符的最大长度，默认值为 32 767
MultiLine	TextBox 控件中的文本是否可以多行输入，并以多行进行显示
ReadOnly	获取或设置一个值，指示其中的文本是否为只读
PasswordChar	获取或设置用于单行中的密码掩码字符

TextBox 控件的常用事件及说明如表 7.10 所示。

表 7.10　TextBox 控件的常用事件及说明

事件	说明
Enter	TextBox 控件接收焦点时发生
Leave	TextBox 控件失去焦点时发生
TextChanged	TextBox 控件的 Text 属性值变化时发生
KeyPress	按下并释放键盘上的一个键时发生

TextBox 控件的常用方法及说明如表 7.11 所示。

表 7.11　TextBox 控件的常用方法及说明

方法	说明	调用格式
AppendText	把一个字符串添加到 TextBox 控件中文本的后面	TextBox1.AppendText(str)
Clear	从 TextBox 控件中清除所有文本	TextBox1.Clear()
Focus	为 TextBox 控件设置焦点	TextBox1.Focus()
Copy	将 TextBox 控件中的当前选定内容复制到剪贴板上	TextBox1.Copy()
Cut	将 TextBox 控件中的当前选定内容移动到剪贴板上	TextBox1.Cut()
Paste	用剪贴板上的内容替换 TextBox 控件中的当前选定内容	TextBox1.Paste()
Undo	撤销 TextBox 控件中的上一个编辑操作	TextBox1.Undo()
Select	在 TextBox 控件中设置选定文本	TextBox1.Select(start,length)
SelectAll	用来选定 TextBox 控件中的所有文本	TextBox1.SelectAll()

注：调用格式中，TextBox 控件默认 Name 属性为 TextBox1。

7.2.4 Button 控件

Button 控件又称按钮控件，其允许用户通过单击来执行各种操作。用户单击 Button 控件时，即调用其 Click 事件执行各种操作。

“工具箱”中，Button 控件的图标为 ab Button。

Button 控件是比较常用的控件，应用程序开始、中断、执行、结束一个过程通常都要选择

Button 控件来作为命令按钮。

Button 控件的常用属性及说明如表 7.12 所示。

表 7.12 Button 控件的常用属性及说明

属性	说明
Enabled	表示是否对用户交互做出响应,有两个值:True(可以对用户交互做出响应,默认)和 False(不可以对用户交互做出响应)
Text	设置显示在 Button 控件上的文本
Visible	是否显示该控件,有两个值:True(显示控件,默认)和 False(不显示控件)

Button 控件的常用事件为 Click 事件。

7.2.5 PictureBox 控件

PictureBox 控件称为图形框控件,常用于图形设计和图像处理程序。它能够显示和处理的图像文件有位图文件、图标文件、GIF 文件和 JPEG 文件等多种。

“工具箱”中,PictureBox 控件的图标为 PictureBox。

PictureBox 控件的常用属性及说明如表 7.13 所示。

表 7.13 PictureBox 控件的常用属性及说明

属性	说明
Image	设置要显示的图像,一般为 Bitmap 类对象
BackgroundImage	获取或设置在控件中显示的背景图像
ErrorImage	加载图像失败时显示的图像
ClientSize	改变控件显示区域的大小
SizeMode	指定图像的显示方式,枚举型,其值如下。 ①Normal:默认值,Image 置于 PictureBox 控件的左上角,凡是因图像过大而不适合 PictureBox 控件的图像部分将被裁剪掉。 ②AutoSize:控件自动调整大小,以便总是适应图像的大小。 ③StretchImage:使图像拉伸或收缩,以便适应 PictureBox 控件的大小。 ④CenterImage:将图像放在 PictureBox 控件中间,四周多余部分不显示。 ⑤Zoom:可以使图像被拉伸或收缩以适应 PictureBox 控件,仍然保持原始纵横比例

PictureBox 控件的常用事件及说明如表 7.14 所示。

表 7.14 PictureBox 控件的常用事件及说明

事件	说明
Click	单击 PictureBox 控件时触发的事件
TextChanged	当 Text 属性被修改时触发的事件
SizeModeChanged	当 SizeMode 属性被修改时触发的事件

7.2.6　GroupBox 控件

GroupBox 控件又称分组框控件，主要用于对控件进行分组，并设置每个组的标题。分组框控件属于容器控件，一般不对该控件编写代码。

使用 GroupBox 控件对控件进行分组的原因如下。

(1)构造一个清晰的用户界面。

(2)创建编程分组(如单选按钮分组)。

(3)设计时将多个控件作为一个单元移动。

GroupBox 控件常用的属性只有 Text，使用它能够修改 GroupBox 控件中的标题。使用 GroupBox 控件创建一组控件的步骤如下。

(1)在窗体上添加 GroupBox 控件。

(2)向 GroupBox 控件添加其他控件。如果要将 GroupBox 控件外的控件放到 GroupBox 控件中，可以选定这些控件，先将它们剪切到剪贴板，然后选择 GroupBox 控件，再将它们粘贴到 GroupBox 控件中。也可以直接将选定的控件拖到 GroupBox 控件中。

(3)将 GroupBox 控件的 Text 属性设置为适当的标题。

(4)位于 GroupBox 控件中的所有控件会随着 GroupBox 控件的移动而一起移动，随着 GroupBox 控件的删除而全部删除，GroupBox 控件的 Visible 属性和 Enabled 属性也会影响 GroupBox 控件中的所有控件。GroupBox 控件最常用的属性是 Text 属性，一般用于给出分组提示。

7.3　应用实例

7.3.1　用户登录界面

常用的 QQ、微信、邮箱等应用程序都有用户登录界面。本例应用本章介绍的 C# 控件设计简单的用户登录界面，要求用户输入用户名(字母)和密码(数字)，用户名和密码的长度都必须大于 5 位。本例中用户名为 nuist，密码为 123456。当用户名和密码正确时，提示用户“登录成功!”，否则提示“用户名或密码错误!”，用户重新输入。当用户按 Enter 键时，触发“登录”按钮；当按 Esc 键时，触发“取消”按钮。

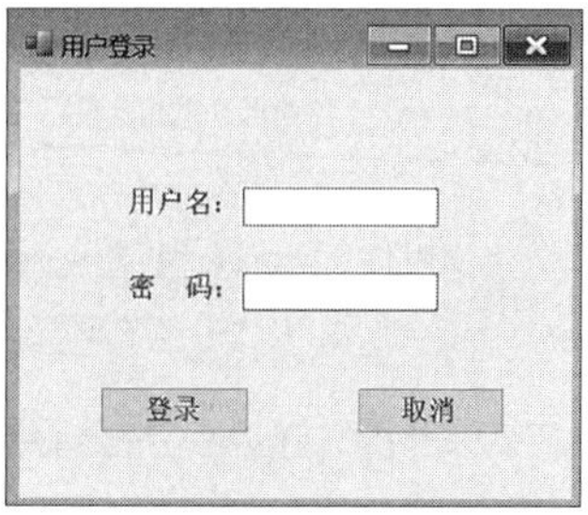

图 7.9　本例登录界面

本例中，登录界面如图 7.9 所示，涉及的控件及属性设置如表 7.15 所示。

表 7.15　控件应用实例涉及的控件及属性设置

序号	控件类型	属性	属性值
1	Form	Name	Frm_Main
		Text	用户登录
		AcceptButton	Btn_Login
		CancelButton	Btn_cancel

续表

序号	控件类型	属性	属性值
2	TextBox	Name	tbx_user
		Text	空
3	TextBox	Name	tbx_pass
		PasswordChar	*
4	Button	Name	btn_login
		Text	登录
5	Button	Name	btn_cancel
		Text	取消
6	Label	Name	lbl_user
		Text	用户名:
7	Label	Name	lbl_pass
		Text	密码:

程序代码如下。

```
private void tbx_user_Leave(object sender, EventArgs e)//控件 tbx_user,Leave 事件
{
    if(tbx_user.Text.Length<5)                       //判断用户名长度是否小于 5 位
    {
        lbl_msg.Text="用户名不能少于 5 位!";   //显示提示信息
        tbx_user.Text="";                            //清空控件 tbx_user 中的内容
        tbx_user.Focus();                            //控件 tbx_user 获得焦点
    }
}

//控件 tbx_pass,Leave 事件
private void tbx_pass_Leave(object sender,EventArgs e)
{
    if (tbx_pass.Text.Length<5)                      //判断用户名长度是否小于 5 位
    {
        lbl_msg.Text="密码不能少于 5 位!";     //显示提示信息
        tbx_pass.Text="";                            //清空控件 tbx_pass 中的内容
        tbx_pass.Focus();                            //控件 tbx_pass 获得焦点
    }
}

//控件 tbx_user,KeyPress 事件
private void tbx_user_KeyPress(object sender,KeyPressEventArgs e)
{
    if(e.KeyChar<65||(e.KeyChar>90 && e.KeyChar<97)||e.KeyChar>122)
    {
```

```
            lbl_msg.Text="用户名只能为大小写字母";
            tbx_user.Text="";
            tbx_user.Focus();
        }
    }

    //控件 btn_login,KeyPress 事件
    private void btn_login_KeyPress(object sender,KeyPressEventArgs e)
    {
        if(e.KeyChar<49||e.KeyChar>57)
        {
            lbl_msg.Text="密码只能为数字!";
            tbx_pass.Text="";
            tbx_pass.Focus();
        }
    }

    //控件 btn_login,Click 事件
    private void btn_login_Click(object sender,EventArgs e)
    {
        if(tbx_pass.Text.Length<5)
        {
            lbl_msg.Text="密码只能为数字!";
            tbx_pass.Text="";
            tbx_pass.Focus();
        }
        else
        {
            if(tbx_user.Text.Equals("nuist") && tbx_pass.Text.Equals("123456"))
            {
                lbl_msg.Text="登录成功!";
            }
            else
            {
                lbl_msg.Text="用户名或密码错误!";
            }
        }
    }

    //控件 btn_cancel,Click 事件
    private void btn_cancel_Click(object sender,EventArgs e)
    {
        tbx_user.Text="";
        tbx_pass.Text="";
        tbx_user.Focus();
    }
```

程序运行后，可以发现，当输入的数据不满足要求时，焦点也不离开文本框，直到输入合法为止。程序的登录成功界面如图 7.10 所示。

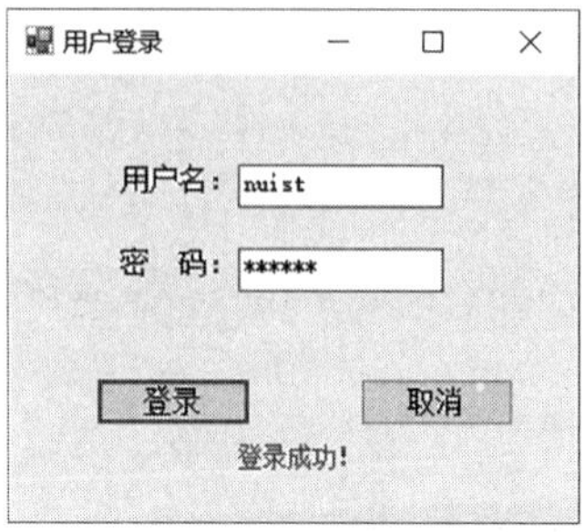

图 7.10　登录成功界面

7.3.2　前方交会

C#中，三角函数默认输入值的单位为弧度，因此，当输入值的单位为角度时，需要进行角度与弧度的转化。以"前方交会"程序设计为例，界面如图 7.11 所示，涉及的主要控件及属性设置如表 7.16 所示。

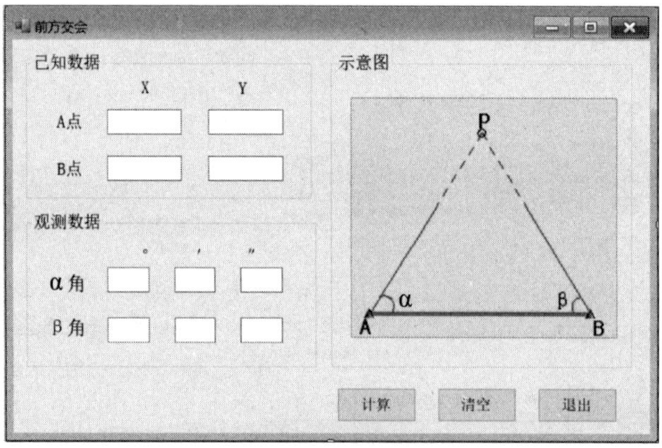

图 7.11　"前方交会"程序界面

表 7.16　"前方交会"程序界面涉及的主要控件及属性设置

序号	控件类型	属性	属性值
1	Form	Name	Frm_Main
		Text	前方交会
2	TextBox	Name	tbx_xa
		Text	空
3	TextBox	Name	tbx_ya
		Text	空
4	TextBox	Name	tbx_xb
		Text	空

续表

序号	控件类型	属性	属性值
5	TextBox	Name	tbx_yb
		Text	空
6	TextBox	Name	tbx_angadu
		Text	空
7	TextBox	Name	tbx_angafen
		Text	空
8	TextBox	Name	tbx_angamiao
		Text	空
9	TextBox	Name	tbx_angbdu
		Text	空
10	TextBox	Name	tbx_angbfen
		Text	空
11	TextBox	Name	tbx_angbmiao
		Text	空
12	Button	Name	btn_calculate
		Text	计算
13	Button	Name	btn_clear
		Text	清空
14	Button	Name	btn_exit
		Text	退出
15	GroupBox	Name	gbx_known
		Text	已知数据
16	GroupBox	Name	gbx_ang
		Text	观测数据
17	GroupBox	Name	gbx_pic
		Text	示意图
18	PictureBox	Name	pbx_pic
		Text	空

程序代码如下。

```
private void btn_calculate_Click(object sender,EventArgs e)
{
    //定义变量
    double xa,ya;
    double xb,yb;
    double xp,yp;
    double a,b;

    //变量赋值
    xa=Convert.ToDouble(tbx_xa.Text);
    xb=Convert.ToDouble(tbx_xb.Text);

    ya=Convert.ToDouble(tbx_ya.Text);
    yb=Convert.ToDouble(tbx_yb.Text);

    a=Convert.ToDouble(tbx_angadu.Text)+Convert.ToDouble(tbx_angafen.Text)/
      60+Convert.ToDouble(tbx_angamiao.Text)/3600;
    b=Convert.ToDouble(tbx_angbdu.Text)+Convert.ToDouble(tbx_angbfen.Text)/
      60+Convert.ToDouble(tbx_angbmiao.Text)/3600;

    //角度转弧度
    a=a/180*Math.PI;
    b=b/180*Math.PI;

    //坐标计算
    xp=(xa*1/Math.Tan(b)+xb*1/Math.Tan(a)-ya+yb)/(1/Math.Tan(a)+1/Math.Tan(b));
    yp=(ya*1/Math.Tan(b)+yb*1/Math.Tan(a)+xa-xb)/(1/Math.Tan(a)+1/Math.Tan(b));

    //坐标显示
    lbl_msgpx.Text="P点横坐标X为:"+xp.ToString("F4");  //保留四位小数
    lbl_msgpy.Text="P点纵坐标Y为:"+yp.ToString("F4");  //保留四位小数
}

private void btn_clear_Click(object sender,EventArgs e)
{
    tbx_xa.Text="";
    tbx_xb.Text="";

    tbx_ya.Text="";
    tbx_yb.Text="";

    tbx_angadu.Text="";
    tbx_angafen.Text="";
    tbx_angamiao.Text="";

    tbx_angbdu.Text="";
```

```
        tbx_angbfen.Text="";
        tbx_angbmiao.Text="";
    }

    private void btn_exit_Click(object sender,EventArgs e)
    {
        this.Close();        //窗体关闭
    }
```

程序的运行结果如图 7.12 所示。

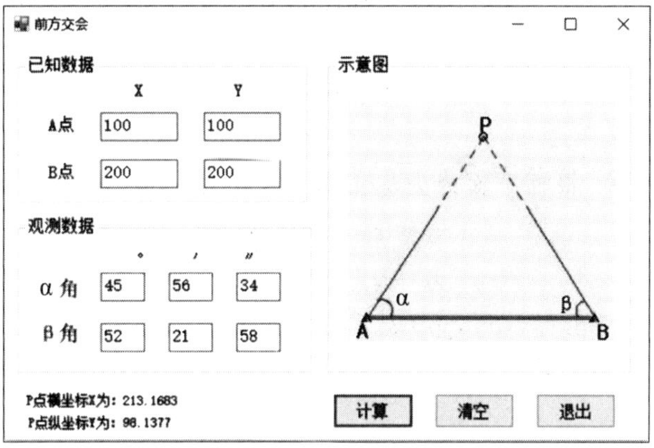

图 7.12 “前方交会”程序运行结果

该程序运行时，已知数据中如果出现空值，程序将会产生错误；同时，观测数据中对分、秒值也没有小于 60 的限制。请思考，该如何添加限制条件。

习题七

一、选择题

1.C# 程序中，在窗体上显示控件的文本，用______属性设置。

A.Text　　B.Name　　C.Caption　　D.Image

2.加载窗体时触发的事件是______。

A.Click　　B.Load　　C.GotFocus　　D.DoubleClick

3.创建应用程序的界面时，在窗体上设置了一个 Button 控件，运行程序后，Button 控件没有出现在窗体上，可能的原因是______。

A.该 Button 控件的 Value 属性被设置为 False

B.该 Button 控件的 Enabled 属性被设置为 False

C.该 Button 控件的 Visible 属性被设置为 False

D.该 Button 控件的 Default 属性被设置为 True

4.设置控件布局位置的属性是______。

A.DisplayRectangle　　B.FlatStyle

C.Dock　　D.Location

5.如果要使 TextBox 控件中的文字不能被修改,应对______属性进行设置。

A.Locked B.Visible

C.Enabled D.ReadOnly

二、判断题

1.可以通过 Width 和 Height 属性来设置控件的位置。

2.通过设置控件的 Enabled 属性可以控制控件是否有效。

3.在设计 GroupBox 控件时,当移动单个 GroupBox 控件时,它所包含的所有控件会一起移动。

4.设置图形框控件的 SizeMode 属性为 StretchImage 时,图像可以按图形框的大小比例缩放显示。

5.窗体上设计好控件后,它们的焦点次序不可以改变。

三、编程题

编写"坐标正算"程序,根据下面的坐标正算公式实现"坐标正算"的计算功能。

$$\left.\begin{aligned} x_b &= x_a + d \cdot \cos\alpha \\ y_b &= y_a + d \cdot \sin\alpha \end{aligned}\right\}$$

式中,(x_a, y_a)表示已知点坐标,(x_b, y_b)表示待求点坐标;d 表示距离,为输入数据;α 表示坐标方位角,单位为(°),为输入数据。

第8章 用户界面设计

用户界面是应用程序的重要组成部分，主要负责用户和应用程序之间的交互。随着软件应用的普及，用户对于软件用户界面的要求越来越高，具有友好用户界面的软件更容易得到用户的青睐。C#用户界面设计使用 Visual Studio 集成开发环境提供的各类控件，既可以缩短开发时间，又能够保证程序外观风格的一致性。

8.1 常用控件

Visual Studio 集成开发环境提供了多种常用的控件，常用控件的图标、别名或用途如表 8.1所示。

表 8.1 常用控件的图标、别名或用途

控件类型	图标	别名或用途
CheckBox	CheckBox	复选框
ComboBox	ComboBox	组合框
CheckedListBox	CheckedListBox	复选列表框
DateTimePicker	DateTimePicker	显示日期和时间
DataGridView	DataGridView	显示一个列表
HScrollBar	HScrollBar	水平滚动条
ListBox	ListBox	列表框
ListView	ListView	列表
MonthCalendar	MonthCalendar	查看和设置日期
Panel	Panel	面板
ProgressBar	ProgressBar	进度条
RadioButton	RadioButton	单选按钮
RichTextBox	RichTextBox	富文本框
StatusStrip	StatusStrip	状态栏
TabControl	TabControl	显示多个选项卡
ToolStrip	ToolStrip	工具栏
Timer	Timer	定时器
TreeView	TreeView	树形视图
VScrollBar	VScrollBar	垂直滚动条

8.1.1 RadioButton 控件

RadioButton 控件又称单选按钮控件，通常由两个及以上的控件组成选项组，但同一时刻只能选择选项组中的一个。

RadioButton 控件帮助用户在一组相关的选项中选择唯一的一项，因此 RadioButton 控件总是成组出现。通常将若干 RadioButton 控件放在一个 GroupBox 控件内组成一组，当其中的某个 RadioButton 控件被选中时，该组中其他 RadioButton 控件将自动处于不选中状态。RadioButton 控件被选中时，其图标前的圆圈中会出现一个小圆点。

RadioButton 控件的常用属性有 Checked、Enabled 和 Text 等，其常用属性及说明如表 8.2 所示。

表 8.2 RadioButton 控件的常用属性及说明

属性	说明
Checked	表明该选项是否被选中：Ture 或 1，表示被选中；False 或 0，表示未被选中
Enabled	指示控件是否可以对用户交互做出响应
Text	表示单选按钮的标题

RadioButton 控件的常用事件有 Click 和 CheckedChanged。Click 事件在单击控件时发生；CheckedChanged 事件在控件属性 Checked 的属性值发生改变时发生。

8. 1. 2 CheckBox 控件

CheckBox 控件又称复选框控件，它属于选择类控件。与 RadioButton 控件一样，CheckBox 控件也提供一组选项供用户选择。但与 RadioButton 控件不同的是，CheckBox 控件每个复选框都是一个单独的选项，允许用户进行多项选择。

程序运行时，用鼠标单击复选框左边的方框，方框中就会出现一个“√”，表示该项被选中；再次单击被选中的复选框，则表示取消该复选框的选择。

CheckBox 控件的常用属性有 Checked、CheckedState、Enabled、Text 和 TextAlign，其常用属性及说明如表 8.3 所示。

表 8.3 CheckBox 控件的常用属性及说明

属性	说明
Checked	表明该选项是否被选中：Ture 或 1，表示被选中；False 或 0，表示未被选中
CheckedState	表示控件的状态，有三个值：Checked 表示被选中；UnChecked 表示没有被选中；Indeterminate 表示不确定
Enabled	指示控件是否可以对用户交互做出响应
Text	表示复选框的标题
TextAlign	复选框上文字的对齐方式

CheckBox 控件的常用事件有 Click 和 CheckedChanged。Click 事件在单击控件时发生；CheckedChanged 事件在控件属性 Checked 的属性值发生改变时发生。

8.1.3　Panel 控件

Panel 控件又称面板控件，用于将其他控件组织在一起形成控件组。当移动面板时，控件会一起移动；当隐藏面板时，控件也会一起隐藏。

Panel 控件的常用属性有 Enabled 和 Visible，其常用属性及说明如表 8.4 所示。

表 8.4　Panel 控件的常用属性及说明

属性	说明
Enabled	指示控件是否可以对用户交互做出响应，有 True 和 False 两个值：Ture，默认值，表示允许用户存取面板中的控件；False，表示不允许
Visible	设置对象是否可见。有 True 和 False 两个值：Ture，默认值，表示控件可见；False，表示控件不可见

8.1.4　TabControl 控件

TabControl 控件又称多页面控件，用于在同一个窗口区域显示多个选项卡。TabControl 控件像一个卡片盒或一组文件标签，将一些相关内容组织在一个选项卡中。

TabControl 控件的常用属性有 MultiLine、ItemSize、TabPages 和 ToolTipText，其常用属性及说明如表 8.5 所示。

表 8.5　TabControl 控件的常用属性及说明

属性	说明
MultiLine	指示是否可以显示一行以上的选项卡，有 True 和 False 两个值：Ture，表示多行显示；False，表示单行显示
ItemSize	指示或设置选项卡的大小，包括 Width 和 Height 两个参数，分别表示选项卡的宽度和高度
TabPages	控件中选项卡的集合，可以设置选项卡及其属性
ToolTipText	获取或设置选项卡的工具提示文本

TabControl 控件的常用事件为 DoubleClick。通常情况下，该控件只用于界面切换，很少对它们的事件进行处理。

【例 8.1】编写“选择题”应用程序，程序运行界面如图 8.1 所示。

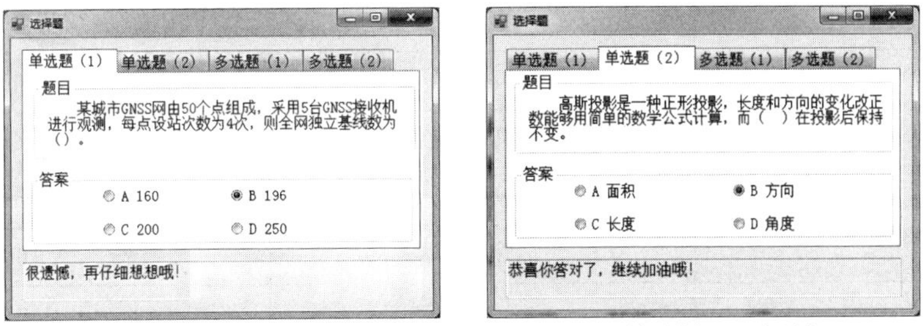

(a)“单选题(1)”选项卡　　(b)“单选题(2)”选项卡

图 8.1　“选择题”应用程序运行界面

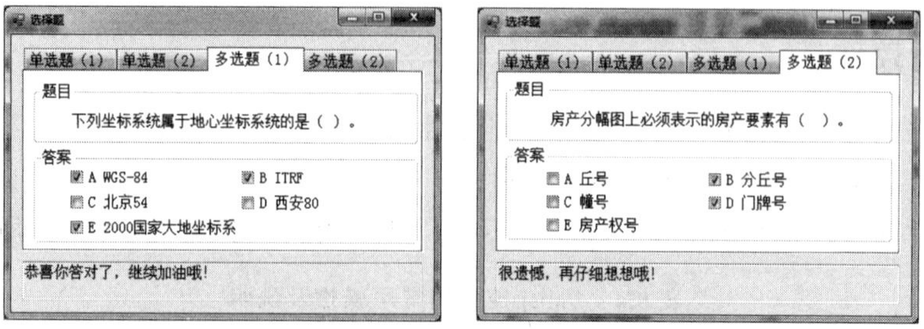

(c)"多选题(1)"选项卡　　(d)"多选题(2)"选项卡

图 8.1 "选择题"应用程序运行界面(续)

本例中用到的控件主要有 TabControl、GroupBox、TextBox、RadioButton、CheckBox。TabControl 控件包含四个选项卡，分别命名为 tabPage1、tabPage2、tabPage3 和 tabPage4。每个选项卡中都给出一道选择题，并使用 GroupBox 控件将题目和答案进行分组。窗体及 tabPage1 页面上添加的控件及相关属性设置如表 8.6 所示，tabPage4 页面上添加的控件及相关属性设置如表 8.7 所示，tabPage2 和 tabPage3 页面上添加的控件及相关属性设置分别参照表 8.6 和表 8.7。tabPage1、tabPage2 中各 RadioButton 控件的 CheckedChanged 事件分别与 First_CheckedChanged、Second_CheckedChanged 方法相关联；tabPage3、tabPage4 中各 CheckBox 控件的 CheckedChanged 事件分别与 Third_CheckedChanged、Fourth_CheckedChanged 方法相关联。单选题(1)和单选题(2)的正确答案分别为 A 和 B，多选题(3)和多选题(4)的正确答案分别为 A、B、E 和 A、C、D、E。

如果选项正确，提示"恭喜你答对了，继续加油哦！"；如果选项错误，提示"很遗憾，再仔细想想哦！"。

表 8.6　窗体及 tabPage1 页面上添加的控件及相关属性设置

序号	控件类型	属性	属性值
1	Form	Name	Frm_Main
		Text	选择题
2	TextBox	Name	tbx_show
		ReadOnly	True
3	Label	Name	lbl_sig1
		Text	题目内容
4	GroupBox	Name	gbx_sig1
		Text	题目
5	GroupBox	Name	gbx_sig2
		Text	答案
6	RadioButton	Name	rbt_sigres1A
		Text	A 160
7	RadioButton	Name	rbt_sigres1B
		Text	B 196

续表

序号	控件类型	属性	属性值
8	RadioButton	Name	rbt_ sigres1C
		Text	C 200
9	RadioButton	Name	rbt_sigres1D
		Text	D 250

表 8.7　tabPage4 页面上添加的控件及相关属性设置

序号	控件类型	属性	属性值
1	Label	Name	lbl_sig1
		Text	题目内容
2	GroupBox	Name	gbx_mul1
		Text	题目
3	GroupBox	Name	gbx_mul2
		Text	答案
4	CheckBox	Name	cbx_mulres1A
		Text	A 丘号
5	CheckBox	Name	cbx_mulres1B
		Text	B 分丘号
6	CheckBox	Name	cbx_mulres1C
		Text	C 幢号
7	CheckBox	Name	cbx_mulres1D
		Text	D 门牌号
8	CheckBox	Name	cbx_mulres1E
		Text	E 房产权号

程序代码如下。

```
public partial class frm_choose : Form
{
    public frm_choose()
    {
        InitializeComponent();
    }
    private void Checksig1()            //自定义函数 Checksig1()
    {
        if(rbt_sigres1A.Checked)
        {
```

```
            tbx_show.Text="恭喜你答对了,继续加油哦!";
        }
        else
        {
            tbx_show.Text="很遗憾,再仔细想想哦!";
        }
    }

    private void Checksig2()                //自定义函数 Checksig2()
    {
        if (rbt_sigres2B.Checked)
        {
            tbx_show.Text="恭喜你答对了,继续加油哦!";
        }
        else
        {
            tbx_show.Text="很遗憾,再仔细想想哦!";
        }
    }

    private void Checkmul1()                //自定义函数 Checkmul1()
    {
        if(cbx_mulres1A.Checked && cbx_mulres1B.Checked &&
cbx_mulres1C.Checked && cbx_mulres1D.Checked && cbx_mulres1E.Checked)
        {
            tbx_show.Text="很遗憾,再仔细想想哦!";
        }
        else if(cbx_mulres1A.Checked && cbx_mulres1B.Checked &&
cbx_mulres1C.Checked && cbx_mulres1E.Checked)
        {
            tbx_show.Text="很遗憾,再仔细想想哦!";
        }
        else if(cbx_mulres1A.Checked && cbx_mulres1B.Checked &&
cbx_mulres1D.Checked && cbx_mulres1E.Checked)
        {
            tbx_show.Text="很遗憾,再仔细想想哦!";
        }
        else if(cbx_mulres1A.Checked && cbx_mulres1B.Checked &&
cbx_mulres1E.Checked)
        {
            tbx_show.Text="恭喜你答对了,继续加油哦!";
        }
        else
        {
            tbx_show.Text="很遗憾,再仔细想想哦!";
        }
    }
```

```
    private void Checkmul2()                      //自定义函数 Checkmul2()
    {
        if(cbx_mulres2A.Checked && cbx_mulres2B.Checked &&
cbx_mulres2C.Checked && cbx_mulres2D.Checked && cbx_mulres2E.Checked)
        {
            tbx_show.Text="很遗憾,再仔细想想哦!";
        }
        else if(cbx_mulres2A.Checked && cbx_mulres2C.Checked &&
cbx_mulres2D.Checked && cbx_mulres2E.Checked)
        {
            tbx_show.Text="恭喜你答对了,继续加油哦!";
        }
        else
        {
            tbx_show.Text="很遗憾,再仔细想想哦!";
        }
    }

    private void First_CheckedChanged(object sender,EventArgs e)
    {
        Checksig1();
    }
    private void Second_CheckedChanged(object sender,EventArgs e)
    {
        Checksig2();
    }

    private void Third_CheckedChanged(object sender,EventArgs e)
    {
        Checkmul1();
    }

    private void Fourth_CheckedChanged(object sender,EventArgs e)
    {
        Checkmul2();
    }
}
```

8.1.5 ListBox 控件

ListBox 控件又称列表框控件,用于显示一个列表。用户可以从列表中的一系列选项中选择一个或多个选项。如果选项的数量超过可显示的区域,ListBox 控件会自动增加滚动条。

ListBox 控件可以是单列或多列。

ListBox 控件的常用属性有 Items、SelectionMode、SelectedItem、SelectedItems、SelectedIndex、MultiColumn 和 Sorted,其常用属性及说明如表 8.8 所示。

表 8.8 ListBox 控件的常用属性及说明

属性	说明
Items	设置或获取 ListBox 控件列表的选项，可以编译时在“属性”窗口进行设置，也可以在程序中进行设置
SelectionMode	设置是否允许用户在 ListBox 控件的列表中做多项选择，该属性有以下值。 ①None：不允许做多项选择。 ②One：只能单选而不允许有多项选择。 ③MultiSimple：允许有简单的多项选择。 ④MultiExtended：允许有扩展式多项选择，即可以使用“Shift＋单击”或“Shift＋方向键”将先前的选项扩展到当前选项，也可使用“Ctrl＋单击”进行隔项选择
SelectedItem	返回列表中选中的字符串内容。如果允许多选，则返回选择的索引号最小的条目；如果一个也没选，该值为空
SelectedItems	获取当前选定项的集合
SelectedIndex	获取或设置当前选定项从 0 开始的索引，在编程的时候，可以捕获该属性值，并根据该值进行相应操作
MultiColumn	获取或设置一个值，指示是否支持多列显示。True，支持多列显示；False，默认值，不支持多列显示
Sorted	表示条目是否以字母顺序显示，默认值为 False，表示不允许

ListBox 控件的常用事件为 DoubleClick。

ListBox 控件的常用方法有 Add、Remove、Insert、Clear、SetSelected 和 GetSelected。其说明及使用方法如表 8.9 所示。

表 8.9 ListBox 控件的常用方法及说明

方法	说明	使用方法
Add	向列表框添加项	Items.Add
Remove	从列表框删除项	Items.Remove
Insert	向列表框插入项	Items.Insert
Clear	清除列表框中所有的选项	Items.Clear
SetSelected	用于选中某一项或取消对某一项的选择	ListBox.SetSelected(Int32，Boolean)
GetSelected	返回一个值，指示是否选定了指定的项	ListBox.GetSelected(Int32)

8.1.6 ComboBox 控件

1.ComboBox 控件的常用属性

ComboBox 控件又称组合框控件，它是由文本框和列表框组合而成的控件，可以输入字符串。ComboBox 控件的右侧有一个向下的箭头，单击此箭头可以打开一个列表框，从中选择需要的选项。

ComboBox 控件的常用属性有 DropDownStyle、Items、MaxDropDownItems、Sorted、SelectedIndex 及 SelectedItem，其常用属性及说明如表 8.10 所示。

表 8.10　ComboBox 控件的常用属性及说明

属性	说明
DropDownStyle	获取或设置组合框的样式，有三种。 ①DropDown(下拉组合框)：文本框可编辑，也可单击箭头显示下拉列表进行选择。 ②DropDownList(下拉列表框)：文本框不可编辑，只可单击箭头显示下拉列表进行选择。 ③Simple(简单组合框)：文本框可编辑，且显示整个列表
Items	获取一个对象，该对象表示该 ComboBox 控件中所包含项的集合
MaxDropDownItems	下拉列表所能显示的最大条目数(1～100)，如果实际条目数大于此数，将出现滚动条
Sorted	表示下拉列表框中条目是否以字母顺序显示，默认值为 False，表示不允许
SelectedIndex	获取或设置指定当前选定项的索引，索引从 0 开始。当未选定任何项时，则返回－1。 设置新的索引将触发 SelectedIndexChanged 事件，要取消选择当前选定项，可将 SelectedIndex 设置为－1
SelectedItem	获取或设置 ComboBox 控件中当前选定的项，作为当前选定项的对象，如果当前没有选定项，则为空索引

Items 是 ComboBox 控件最重要的属性，用于存放 ComboBox 控件中所有项的集合。对 ComboBox 控件的操作实际上就是对该属性的操作。Items 的常用属性及说明如表 8.11 所示，其常用方法及说明如表 8.12 所示。

表 8.11　Items 的常用属性及说明

属性	说明
Count	ComboBox 控件的项集合中项的个数

表 8.12　Items 的常用方法及说明

方法	说明
Add	向 ComboBox 控件的项集合中添加一个项
AddRange	向 ComboBox 控件的项集合中添加一个项的数组
Clear	移除 ComboBox 控件的项集合中的所有项
Contains	确定指定项是否在 ComboBox 控件的项集合中
Equals	判断是否等于当前对象
GetType	获取当前实例的类型

续表

方法	说明
Insert	将一个项插入 ComboBox 控件的项集合中指定的索引处
IndexOf	检索指定的项在 ComboBox 控件的项集合中的索引
Remove	从 ComboBox 控件的项集合中移除指定的项
RemoveAt	移除 ComboBox 控件的项集合中指定索引处的项

2.ComboBox 控件的常用事件

ComboBox 控件的常用事件有 Click、TextChanged、SelectedIndexChanged 和 KeyPress，其具体说明如表 8.13 所示。

表 8.13　ComboBox 控件的常用事件及说明

事件	说明
Click	单击控件时发生
TextChanged	Text 属性值改变时发生
SelectedIndexChanged	SelectedIndex 属性值改变时发生
KeyPress	控件有焦点的情况下按下任意键时发生

8.1.7　CheckedListBox 控件

1.CheckedListBox 控件的常用属性

CheckedListBox 控件又称复选列表框控件，和 ListBox 控件相似，用于显示一系列列表项，不过每个列表项前面都有一个复选框。这样，是否选中了某个列表项就可以很清楚地显示出来。

CheckedListBox 类是继承 ListBox 类而来的，所以 CheckedListBox 控件的大部分属性、事件和方法都来自 ListBox 控件。例如，Item 属性、Add 方法和 Remove 方法等。除了继承来的属性和方法，CheckedListBox 控件还有其特有的属性和方法。其常用属性及说明如表 8.14 所示。

表 8.14　CheckedListBox 控件的常用属性及说明

属性	说明
CheckedList	其值为 True 时，单击某一列表项就可以选中它；默认值为 False，此时，单击列表项只是改变了焦点，再次单击时才选中该列表项
CheckedIndices	该 CheckedListBox 控件中选中索引的集合
CheckedItems	该 CheckedListBox 控件中选中项的集合
MultiColumn	当属性值为 True 时，表示支持多列显示；当属性值为 False 时，表示支持单列显示
ColumnWidth	当多列显示时，该属性值表示每列的宽度
ThreeDCheckBoxes	当属性值为 True 时，选项前面的复选框以立体方式显示；当属性值为 False 时，选项前面的复选框以平面方式显示

2.CheckedListBox 控件的常用事件和方法

CheckedListBox 控件的常用事件有 Click 和 DoubleClick。

CheckedListBox 控件的常用方法有 GetItemCheckState、GetItemChecked、SetItemCheckState 和 SetItemChecked，其具体说明如表 8.15 所示。

表 8.15　CheckedListBox 控件的常用方法及说明

方法	说明
GetItemCheckState	用于取得指定列表项的状态，即该列表项是否被选中。 该方法有一个整型参数，用来确定该方法返回列表项的状态
GetItemChecked	返回指示指定项是否选中，为 True 的表示指定项已经被选中
SetItemCheckState	用于设定指定的列表项的状态，即设置该列表项是被选中还是未被选中，或者处于不确定状态。 该方法有两个参数：第一个是整型参数，用于指定所设定的列表项；第二个参数可以选择 CheckState.Checked（被选中）、CheckState.UnChecked（未被选中）、CheckState.Indeterminate（不确定状态）
SetItemChecked	指定索引处项的状态为 CheckState.Checked

【例 8.2】编写“选课程序”，程序运行界面如图 8.2 所示。

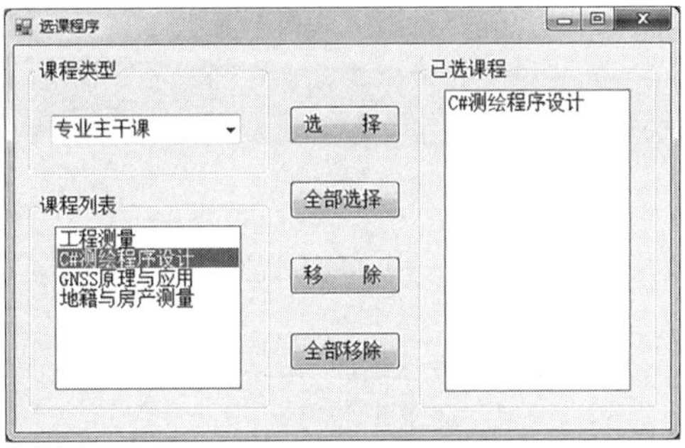

图 8.2　“选课程序”运行界面

本例中用到的控件主要有 GroupBox、ComboBox、ListBox 和 Button。窗体上添加的控件及相关属性设置如表 8.16 所示。

表 8.16　例 8.2 窗体上添加的控件及相关属性设置

序号	控件类型	属性	属性值
1	GroupBox	Name	gbx_subject
		Text	课程类型
2	GroupBox	Name	gbx_sublisted
		Text	已选课程
3	GroupBox	Name	gbx_sublist
		Text	课程列表

续表

序号	控件类型	属性	属性值
4	ComboBox	Name	cbx_subject
5	ListBox	Name	lbx_sublist
6	ListBox	Name	lbx_sublisted
7	Button	Name	btn_choose
		Text	选择
8	Button	Name	btn_move
		Text	移除
9	Button	Name	btn_chooseall
		Text	全部选择
10	Button	Name	btn_moveall
		Text	全部移除

程序代码如下。

```
public partial class Frm_Main : Form
{
    public Frm_Main()
    {
        InitializeComponent();
    }

    private void Frm_Main_Load(object sender,EventArgs e)
    {
        cbx_subject.Items.Add("学科基础课");
        cbx_subject.Items.Add("专业主干课");
        cbx_subject.Items.Add("专业方向课");
        cbx_subject.Items.Add("专业选修课");
    }

    private void cbx_subject_SelectedIndexChanged(object sender,EventArgs e)
    {
        if(cbx_subject.SelectedIndex==0)
        {
            lbx_sublist.Items.Clear();
            lbx_sublist.Items.Add("测绘学概论");
            lbx_sublist.Items.Add("大地测量学");
            lbx_sublist.Items.Add("数字测图原理与方法");
            lbx_sublist.Items.Add("误差理论与测量平差");
        }
        else if(cbx_subject.SelectedIndex==1)
        {
```

```
        lbx_sublist.Items.Clear();
        lbx_sublist.Items.Add("工程测量");
        lbx_sublist.Items.Add("C#测绘程序设计");
        lbx_sublist.Items.Add("GNSS 原理与应用");
        lbx_sublist.Items.Add("地籍与房产测量");
    }
    else if (cbx_subject.SelectedIndex==2)
    {
        lbx_sublist.Items.Clear();
        lbx_sublist.Items.Add("海洋测绘");
        lbx_sublist.Items.Add("GIS 应用开发");
        lbx_sublist.Items.Add("3S 集成与应用");
        lbx_sublist.Items.Add("精密工程测量");
    }
    else
    {
        lbx_sublist.Items.Clear();
        lbx_sublist.Items.Add("专业英语");
        lbx_sublist.Items.Add("GNSS 气象学");
        lbx_sublist.Items.Add("测绘新技术应用");
        lbx_sublist.Items.Add("遥感数字图像处理");
    }
    enbutton();
}

private void enbutton()              //自定义函数
{
    if (lbx_sublist.Items.Count==0)
    {
        btn_choose.Enabled=false;
        btn_chooseall.Enabled=false;
    }
    else
    {
        btn_choose.Enabled=true;
        btn_chooseall.Enabled=true;
    }

    if (lbx_sublisted.Items.Count==0)
    {
        btn_move.Enabled=false;
        btn_moveall.Enabled=false;
    }
    else
    {
        btn_move.Enabled=true;
        btn_moveall.Enabled=true;
    }
```

```
    }

    private void btn_choose_Click(object sender,EventArgs e)      //单个选择
    {
        if(lbx_sublist.SelectedIndex>=0)
        {
            lbx_sublisted.Items.Add(lbx_sublist.SelectedItem);
        }
        enbutton();
    }

    private void btn_chooseall_Click(object sender, EventArgs e)    //全部选择
    {
        foreach(object item in lbx_sublist.Items)
        {
            lbx_sublisted.Items.Add(item);
        }
        enbutton();
    }

    private void btn_move_Click(object sender, EventArgs e)        //单个移除
    {
        if(lbx_sublisted.SelectedIndex>=0)
        {
            lbx_sublisted.Items.RemoveAt(lbx_sublisted.SelectedIndex);
        }
        enbutton();
    }

    private void btn_moveall_Click(object sender,EventArgs e)      //全部移除
    {
        if(lbx_sublisted.Items.Count>0)
        {
            lbx_sublisted.Items.Clear();
        }
        enbutton();
    }
}
```

8.1.8 Timer 控件

1.Timer 控件的常用属性

Timer 控件又称定时器控件，其主要作用是每隔一定的时间就自动运行一次定时器事件。时间间隔指的是定时器事件两次调用之间的时间差，一般以毫秒(ms)为基本单位。

Timer 控件的常用属性及说明如表 8.17 所示。

表 8.17 Timer 控件的常用属性及说明

属性	说明
Enabled	指示或设置是否启用 Timer 控件。若设置为 True(默认值)，表示启动 Timer 控件开始计时；设置为 False，表示暂停 Timer 控件的使用
Interval	设置定时器事件的时间间隔，以 ms 为单位，取值范围为 0～65 535ms

2.Timer 控件的常用事件和方法

Timer 控件的常用事件是 Tick，用于在每隔 Interval 指定的时间运行一次该事件过程。Timer 控件的常用方法及说明如表 8.18 所示。

表 8.18 Timer 控件的常用方法及说明

方法	说明
Start	启动 Timer 控件，也可以通过将 Enabled 属性值设置为 True 来启动 Timer 控件
Stop	停止 Timer 控件，也可以通过将 Enabled 属性值设置为 False 来停止 Timer 控件

【例 8.3】使用 Timer 控件，结合标签(Label)控件设计实时显示当前日期和时间的时钟，用到的控件及相关属性设置如表 8.19 所示，程序运行结果如图 8.3 所示。

表 8.19 Timer 控件及相关属性设置

序号	控件类型	属性	属性值
1	Form	Name	Frm_Main
		Text	时钟显示
2	Label	Name	lbl_time
3	Timer	Name	tim_time

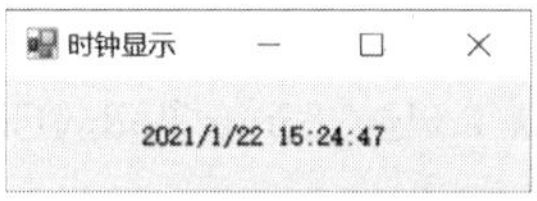

图 8.3 “时钟显示”程序运行结果

程序代码如下。

```
private void Frm_Main_Load(object sender,EventArgs e)
{
    tim_time.Interval=100;                  //设置 Timer 控件时间间隔
    tim_time.Enabled=true;
    lbl_time.Text=DateTime.Now.ToString();//DateTime 是 C# 类库中的一个结构，通过
                                           //它的 Now 属性来获取当前时间。
}

private void tim_time_Tick(object sender,EventArgs e)
{
    lbl_time.Text=DateTime.Now.ToString();
}
```

8.1.9 ProgressBar 控件

1.ProgressBar 控件的常用属性

ProgressBar 控件又称进度条控件，通过矩形方框从左至右实时显示某一过程的进展情况。

Progressbar 控件的常用属性有 Value、Maximum 和 Minimum，具体说明如表 8.20 所示。

表 8.20 ProgressBar 控件的常用属性及说明

属性	说明
Value	读取或设置进度条的当前计数值
Maximum	读取或设置进度条的最大计数值
Minimum	读取或设置进度条的最小计数值

2.ProgressBar 控件的常用事件

ProgressBar 控件的常用事件有 Click、MouseDown 和 MouseMove，具体说明如表 8.21 所示。

表 8.21 ProgressBar 控件的常用事件及说明

事件	说明
Click	单击鼠标左键触发
MouseDown	当鼠标指针位于控件上并按下鼠标键时触发
MouseMove	在鼠标指针移到控件上时触发

8.1.10 MonthCalendar 控件

1.MonthCalendar 控件的常用属性

MonthCalendar 控件又称月历控件，用于显示一个月或几个月的月历。

MonthCalendar 控件的常用属性有 MonthlyBoldedDate、BolderDate、MinDate、MaxDate、SelectionRange、SelectionStart、ShowToday、ShowTodayCircle 和 TodayDate。其常用属性及说明如表 8.22 所示。

表 8.22 MonthCalendar 控件的常用属性及说明

属性	说明
MonthlyBoldedDate	其为 DateTime 数组类型，用于设置要用粗体显示一个月中的日期
BolderDate	其为 DateTime 数组类型，用于设置要用粗体显示的日期
MinDate	获取或设置可选择的最小月历日期
MaxDate	获取或设置可选择的最大月历日期
SelectionRange	获取或设置月历中选择日期的范围
SelectionStart	获取或设置所选日期范围的开始日期
ShowToday	获取或设置是否在月历的底部显示当前的日期
ShowTodayCircle	获取或设置是否在当前的日期上加一个圆圈
TodayDate	获取或设置当前的日期值

2.MonthCalendar 控件的常用事件和方法

MonthCalendar 控件的常用事件及说明如表 8.23 所示。MonthCalendar 的方法很少使用。

表 8.23 MonthCalendar 控件的常用事件及说明

事件	说明
DateChanged	当日期改变时,触发此事件
DateSelected	当日期被选择时,触发此事件

8.1.11 DateTimePicker 控件

DateTimePicker 控件又称日期时间控件,用于显示日期和时间。它的外观像一个组合框,当单击下拉箭头时,就会出现一个按月份显示的日历,可以从中选择日期和时间。

1.DateTimePicker 控件的常用属性

DateTimePicker 控件的常用属性有 Format、CustomFormat、MaxDate、MinDate、ShowCheckBox、ShowUpDown 和 Value,具体说明如表 8.24 所示。

表 8.24 DateTimePicker 控件的常用属性及说明

属性	说明
Format	用于设置显示日期和时间的格式,有以下值可选择。 ①Custom:以自定义格式显示日期和时间值。 ②Long:以用户操作系统设置的长日期格式显示日期和时间值。 ③Short:以用户操作系统设置的短日期格式显示日期和时间值。 ④Time:以用户操作系统设置的时间格式显示日期和时间值
CustomFormat	用于设置自定义格式的字符串,当设置 Format 属性为 Custom 时,使用该格式
MaxDate	获取或设置可选择的最大日期
MinDate	获取或设置可选择的最小日期
ShowCheckBox	获取或设置一个值,该值指示在选择日期的左侧是否显示一个复选框
ShowUpDown	获取或设置一个值,该值指示是否使用数值调节按钮调整日期和时间值
Value	用于获取或设置当前日期和时间

2.DateTimePicker 控件的常用事件和方法

DateTimePicker 控件的常用事件是 ValueChanged,当选择的日期改变时,触发此事件。DateTimePicker 控件的方法很少使用。

【例 8.4】编写新建工程应用程序。录入项目信息时,界面如图 8.4所示,需要选择项目来源、项目位置、开始时间和计划结束时间,其他信息直接录入。

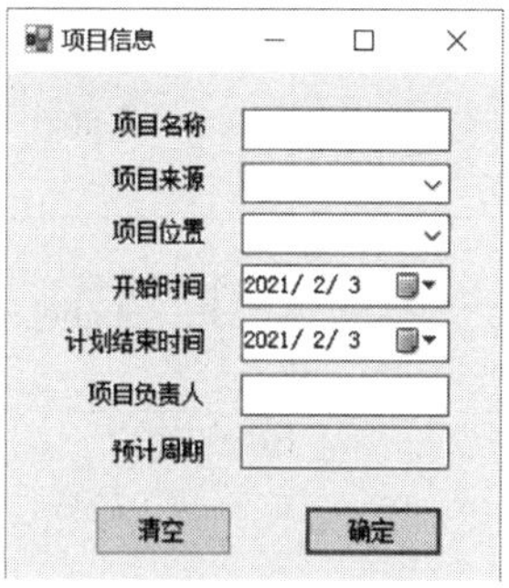

图 8.4 “项目信息”界面

本例中用到的控件主要有 Label、ComboBox、DateTimePicker、TextBox 和 Button。

所用主要控件及相关属性设置如表 8.25 所示。

表 8.25　例 8.4 主要控件及相关属性

序号	控件类型	属性	属性值
1	Form	Name	Frm_Main
		Text	项目信息
2	TextBox	Name	tbx_prjname
3	TextBox	Name	tbx_prjmanager
4	TextBox	Name	tbx_prjdays
		ReadOnly	True
5	Button	Name	btn_prjok
		Text	确定
6	Button	Name	btn_prjclear
		Text	清空
7	ComboBox	Name	cbx_prjstarttime
		Name	cbx_prjendtime
8	DateTimePicker	Name	pbx_ prjstarttime
9	DateTimePicker	Name	pbx_ prjendtime
10	Label	Name	lbl_prjname
		Text	项目名称
11	Label	Name	lbl_prjfrom
		Text	项目来源
12	Label	Name	lbl_prjlocate
		Text	项目位置
13	Label	Name	lbl_prjstarttime
		Text	开始时间
14	Label	Name	lbl_prjendtime
		Text	计划结束时间
15	Label	Name	lbl_prjmanager
		Text	项目负责人
16	Label	Name	lbl_ prjdays
		Text	预计周期

程序主要代码如下。

```
private void btn_prjok_Click(object sender,EventArgs e)  //"确定"按钮
{
    DateTime starttime;
    DateTime endtime;
    int days;

    starttime=dtp_prjstarttime.Value;  //DateTimePicker 控件
    endtime=dtp_prjendtime.Value;

    TimeSpan ts=endtime-starttime;
    days=ts.Days;

    tbx_prjdays .Text=days.ToString()+"天";
}

private void Form1_Load(object sender,EventArgs e)
{

    dtp_prjstarttime.Format=DateTimePickerFormat.Short;
    dtp_prjendtime.Format=DateTimePickerFormat.Short;

    cbx_prjfrom.Items.Add("招投标");
    cbx_prjfrom.Items.Add("公益项目");
    cbx_prjfrom.Items.Add("应急项目");

    cbx_prjlocate.Items.Add("北京市");
    cbx_prjlocate.Items.Add("上海市");
    cbx_prjlocate.Items.Add("江苏省");
}

private void btn_prjclear_Click(object sender, EventArgs e)  //"清空"按钮
{
    tbx_prjname.Text="";
    tbx_prjmanager.Text="";
    tbx_prjdays.Text="";
}
```

8.2　多文档窗体

前面的相关例子创建的都是单文档界面(SDI)应用程序,这样的程序仅支持一次打开一个窗体或文档。如果要编辑多个文档,则必须创建应用程序的多个实例。多文档界面(MDI)应用程序,允许同时编辑多个文档。多文档界面应用程序在应用软件设计中是非常多见的,如常用的 Word、Excel、PowerPoint 等都是多文档界面应用程序。

多文档界面应用程序由一个 MDI 父窗体和多个文档(MDI 子窗体)组成,MDI 父窗体作为 MDI 子窗体的容器,MDI 子窗体显示各自文档,它们具有不同的功能。处于活动状态的 MDI 子窗体最大数目是 1,MDI 子窗体本身不能成为 MDI 父窗体,且不能移动到 MDI 父窗体的区域之外。

多文档界面应用程序有如下特征。

(1)所有 MDI 子窗体均显示在 MDI 父窗体的工作区内,MDI 子窗体可以移动或改变大小,但被限制在 MDI 父窗体中。

(2)当最小化 MDI 子窗体时,它的图标将显示在 MDI 父窗体上而不是在任务栏中。

(3)当最大化 MDI 子窗体时,它的标题与 MDI 父窗体标题一起显示在 MDI 父窗体的标题栏上。

(4)MDI 父窗体和 MDI 子窗体都可以有各自的菜单,MDI 子窗体加载时将覆盖 MDI 父窗体的菜单。

1.MDI 父窗体的常用属性

MDI 父窗体的常用属性有 ActiveMdiChild、IsMdiContainer 及 MdiChildren,其具体说明如表 8.26 所示。

表 8.26　MDI 父窗体的常用属性及说明

属性	说明
ActiveMdiChild	表示当前活动的 MDI 子窗体,如果没有 MDI 子窗体则返回 Null
IsMdiContainer	指示窗体是否为 MDI 父窗体,True 表示 MDI 父窗体,False 表示普通窗体
MdiChildren	以窗体数组形式返回所有 MDI 子窗体

2.MDI 父窗体的常用方法

MDI 父窗体的常用方法为 LayoutMdi,其格式如下。

MDI 父窗体名.LayoutMdi(Value)

其功能是在 MDI 父窗体中排列 MDI 子窗体,参数 Value 决定排列方式,有以下 4 种取值。

(1)ArrangeIcons,所有 MDI 子窗体以图表形式排列在 MDI 父窗体中。

(2)TileHorizontal,所有 MDI 子窗体均水平平铺在 MDI 父窗体中。

(3)TileVertical,所有 MDI 子窗体均垂直平铺在 MDI 父窗体中。

(4)Cascade,所有 MDI 子窗体均层叠排列在 MDI 父窗体中。

3.MDI 父窗体的常用事件

MDI 父窗体的常用事件为 MdiChildActivate,当激活或关闭 MDI 子窗体时触发该事件。

4.MDI 子窗体的常用属性

MDI 子窗体的常用属性有 IsMdiChild 和 MdiParent,其具体说明如表 8.27 所示。

表 8.27　MDI 子窗体的常用属性及说明

属性	说明
IsMdiChild	指示窗体是否为 MDI 子窗体,True 表示 MDI 子窗体,False 表示普通窗体
MdiParent	获取或设置 MDI 子窗体的 MDI 父窗体

8.3　菜单设计

一个应用程序应该包含完备的菜单系统。在用户界面中,菜单是一个很重要的外观界面,通过菜单可以方便、快捷地执行不同的命令。Visual Studio.NET 的菜单类包括 MenuStrip、

ToolStrip、ContextMenuStrip、StatusStrip 四种控件。MenuStrip 为菜单条，位于窗体的上部；ToolStrip 为工具条，位于菜单条的下方；ContextMenuStrip 为快捷菜单，通常右键单击鼠标时弹出；StatusStrip 是状态条，位于窗体的下方，用于显示程序执行的相关信息。本书主要介绍 MenuStrip 和 ContextMenuStrip 控件的使用。

8.3.1 菜单的基本结构

菜单是用户界面的重要组成部分，可以分为下拉式菜单和弹出式菜单两种。下拉式菜单位于窗体的顶部，一般通过单击菜单栏中的菜单标题打开。弹出式菜单又称快捷菜单，一般通过鼠标右键单击某一区域打开，不同的区域所弹出的菜单内容是不同的。

下拉式菜单和弹出式菜单的基本结构大致相似，下面以下拉式菜单为例说明菜单的基本结构。

下拉式菜单通常包括菜单栏、菜单标题、一级菜单和子菜单。

菜单栏位于窗体标题的下面，由若干菜单标题构成主菜单。当单击一个菜单标题时，包括菜单项列表的一级菜单就会被拉下来。若一个菜单项右侧有一个子菜单标记，单击该菜单将打开下一级子菜单。此时，可以从菜单中选择要执行的菜单项。C# 中，最多可以设计出六级子菜单。但是，这种菜单对用户来说太复杂了，通常在应用程序中最多有二级下拉式菜单。

8.3.2 创建下拉式菜单

C#“工具箱”中提供了一个 MenuStrip 控件，使用该控件创建菜单非常简单方便。下面详细介绍使用 MenuStrip 控件设计菜单的方法。

1.添加菜单和菜单项

要在窗体上创建一个标准菜单，可以直接向窗体添加一个 MenuStrip 控件，并利用菜单设计器添加菜单项，具体步骤如下。

(1)从“工具箱”中添加 MenuStrip 控件至窗体上。该控件默认名称为 menuStrip1，它不会显示在窗体上，而是显示在窗体设计器区域下方的独立面板中，窗体标题栏的下方会出现一个可视化菜单设计器。可视化菜单设计器为一个文本框，框内显示“请在此处键入”，如图 8.5 所示。

(2)输入菜单标题和菜单项。单击可视化菜单设计器所显示的文本框，输入一个菜单标题。例如，输入“文件”作为第一个一级菜单标题，此时该菜单标题的右侧和下方将显示带阴影的文本框。右侧带阴影的文本框用来设置第二个一级菜单标题，下方带阴影的文本框用来设置该菜单标题下的二级菜单项。单击“文件”菜单标题右侧文本框输入“数据录入”，单击下面的文本框输入“打开”，则所建菜单的第二个一级菜单标题为“数据录入”，“文件”菜单的二级菜单项为“打开”，如图 8.6 所示。

图 8.5 可视化菜单设计器

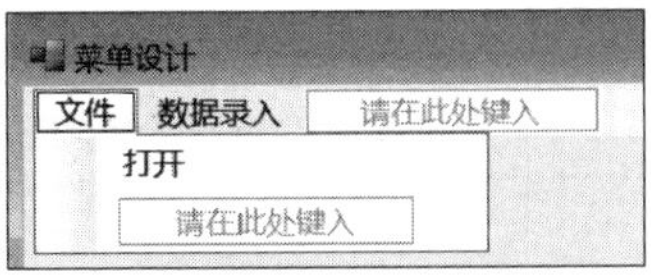

图 8.6 添加菜单标题与菜单项

(3)插入分隔条。两个相邻的菜单项之间可以插入分隔条，这样能够起到美观的作用。例如，在“打开”菜单下插入一个分隔条，其操作过程是：将鼠标移至需要插入分隔条的菜单项上，单击文本框右侧下拉三角形，在弹出的菜单选项中，选择“ Separator”命令，如图 8.7 所示；或者直接在需要插入分隔条的菜单项上输入“-”，添加后的效果如图 8.8 所示。

(4)删除菜单项。一个菜单项建立后，如果不需要，可以删除该菜单项。其具体操作是：选中需要删除的菜单项，单击鼠标右键，在弹出的快捷菜单中，选择“删除(D)”命令，即可删除所选择的菜单项，具体如图 8.9 所示。

(5)更改菜单项文本和名称。需要修改菜单项时，可以单击该菜单项，此时它将变为可以编辑的状态，直接输入新的文本即可。

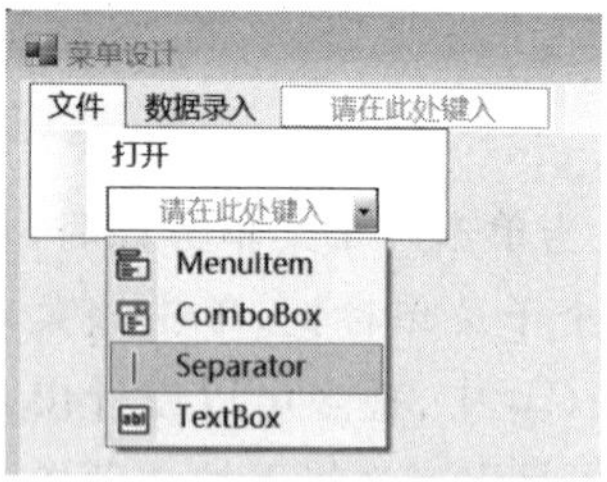

图 8.7　弹出的菜单选项

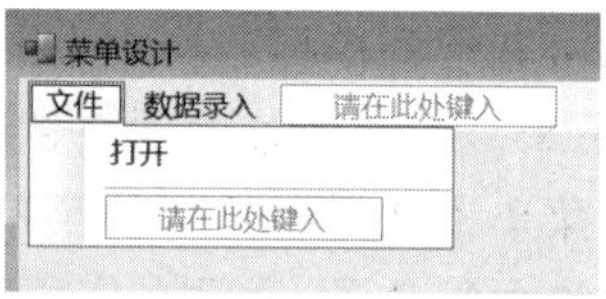

图 8.8　插入分隔条的效果

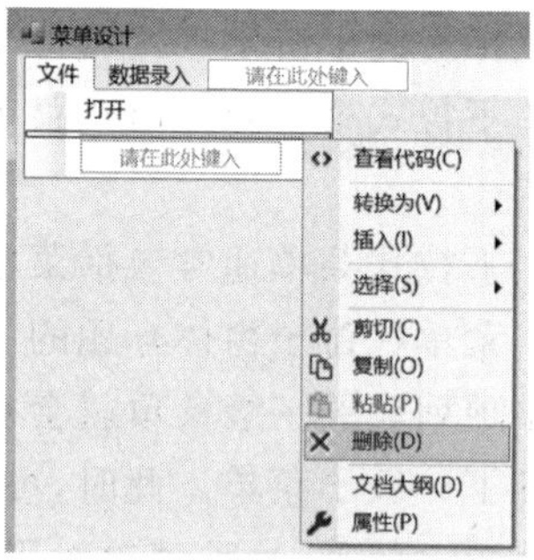

图 8.9　删除菜单项

2.设置菜单项属性

MenuStrip 控件是一个包含所有菜单项的对象集，每个菜单项是一个 ToolStripMenuItem 对象。每个菜单项的默认名称为菜单项文本加上 ToolStripMenuItem 对象，如果有重名的菜单项，名称后面会加上序号进行区分。可以分别为每个菜单项 ToolStripMenuItem 对象进行属性设置等相关操作，如修改菜单项的名称(即修改其 Name 属性)。菜单项 ToolStripMenuItem 对象的常用属性及说明如表 8.28 所示，其常用事件是 Click。

表 8.28　菜单项 ToolStripMenuItem 对象的常用属性及说明

属性	说明
Checked	获取或设置一个值，通过该值指示选中标记是否出现在菜单项文本的旁边。True，表示选中标记出现在菜单项旁边；False，默认值，表示不出现
Name	获取或设置菜单项的名称
Enabled	用于控制菜单是否可用。True，表示可用；False，表示禁用
ShortcutKeys	获取或设置与 ToolStripMenuItem 对象关联的快捷键
ShowShortcutKeys	获取或设置一个值，通过该值指示与 ToolStripMenuItem 对象关联的快捷键是否显示在 ToolStripMenuItem 对象旁边
Text	设置菜单项显示的文本
Image	获取或设置显示在 ToolStripMenuItem 对象上的图像
Visible	控制菜单是否可见。True，默认值，表示菜单可见；False，表示菜单隐藏
ToolTipText	获取或设置一个值，该值为菜单项的提示信息

用户可以选中窗体中的菜单，单击右边的三角形按钮，此时会出现“MenuStrip 任务”窗口，如图 8.10 所示。在该窗口的下拉式菜单中选择“编辑项”命令，出现如图 8.11 所示的“项集合编辑器”对话框，即可修改对应菜单项的相关属性。

图 8.10　“MenuStrip 任务”窗口

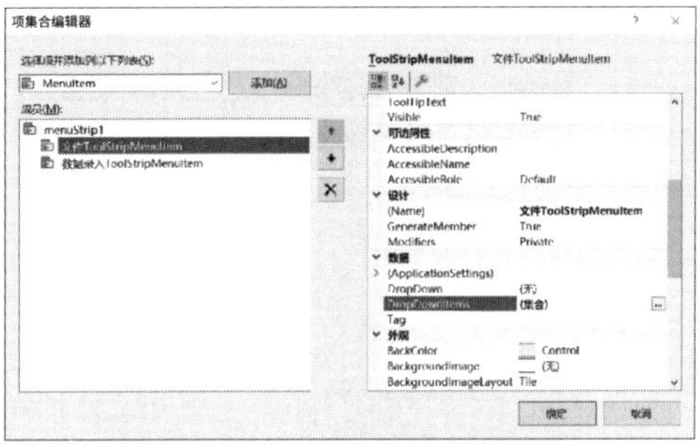

图 8.11　“项集合编辑器”对话框

3.为菜单项编写事件过程

使用 MenuStrip 控件 menuStrip1 创建菜单界面后，必须为菜单项编写事件过程，这样菜单命令才能起作用。菜单项唯一的事件是 Click 事件，应用程序运行时，单击一个菜单项就会触发 Click 事件，对应的菜单命令就会得到响应，执行相应的 Click 事件过程。

设计菜单时，要为某个菜单项编写事件过程，只要单击该菜单项，即可自动打开代码窗口。例如，双击“文件”→“打开”菜单项，此时会出现如图 8.12 所示的代码编辑窗口，用户可以输入相应的代码。

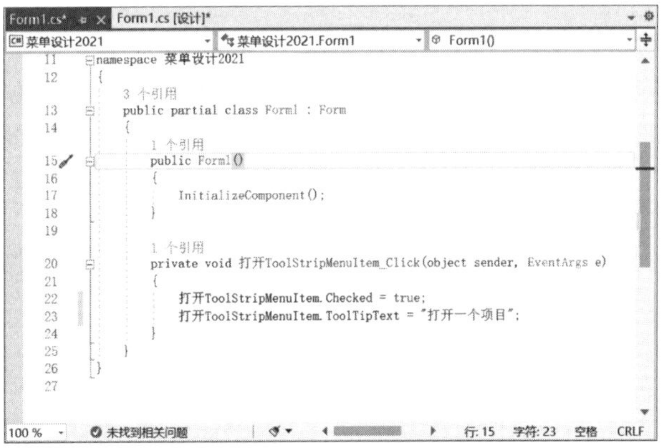

图 8.12　菜单项事件过程代码编辑窗口

8.3.3　创建弹出式菜单

弹出式菜单是显示在窗口任何位置的浮动菜单，其独立于主菜单，一般可以通过单击鼠标右键调用弹出式菜单。弹出式菜单为用户提供常用的命令列表，可以加快操作速度，是主菜单的有益补充。

C# 中提供的 ContextMenuStrip 控件，专门用于设计弹出式菜单。

使用 ContextMenuStrip 控件设计弹出式菜单的主要步骤如下。

(1)在“工具箱”中选择 ContextMenuStrip 控件，并将其拖到窗体上，这时将会在窗口底部看到该控件图标，其默认名称为 contextMenuStrip1，如图 8.13 所示。

(2)确保 contextMenuStrip1 控件被选中的情况下，与创建下拉式菜单类似，在"请在此处键入"的文本框中输入菜单项文本，并在"属性"窗口中修改菜单项的相关属性。设计好的弹出式菜单如图 8.14 所示。

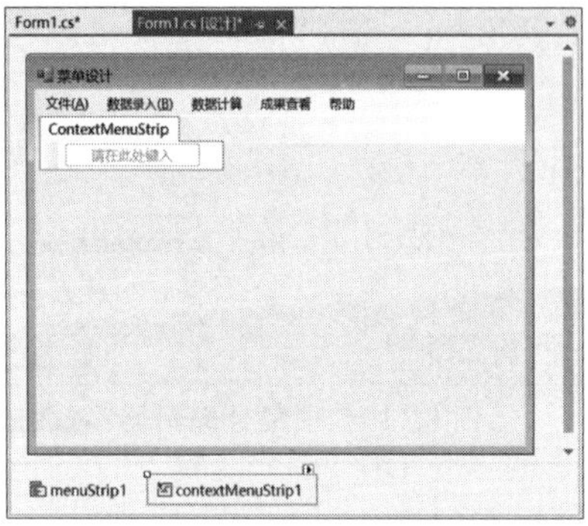

图 8.13　创建弹出式菜单窗口

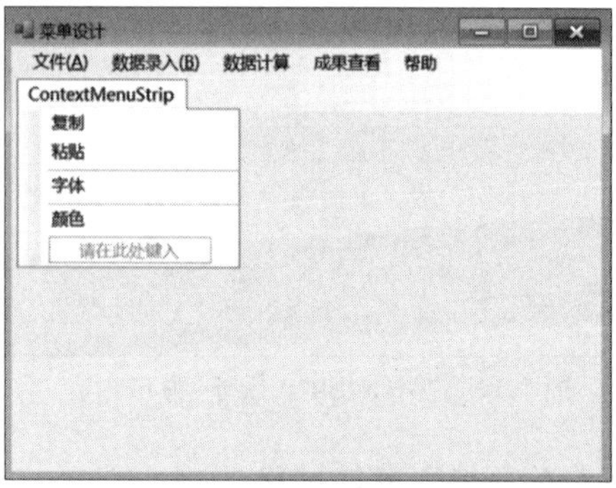

图 8.14　设计好的弹出式菜单示例

(3)将该弹出式菜单与相应的上下文关联。选择窗体对象，将其 ContextMenuStrip 控件属性设置为 contextMenuStrip1。这样，程序运行时，只要在窗体上单击鼠标右键，就会弹出创建好的弹出式菜单，如图 8.15 所示。

8.3.4　为菜单添加访问键和快捷键

1.为菜单项添加访问键

为了提高效率或给不方便操作鼠标的人提供访问途径，菜单等控件项目上往往带有用下划线标注的访问键，其直接表现为带下划线的字母。例如，在"文件"菜单标题中加入"(A)"，在"数据录入"菜单标题中加入"(B)"便可以分别将 A、B 作为它们的访问键，如图 8.16 所示。

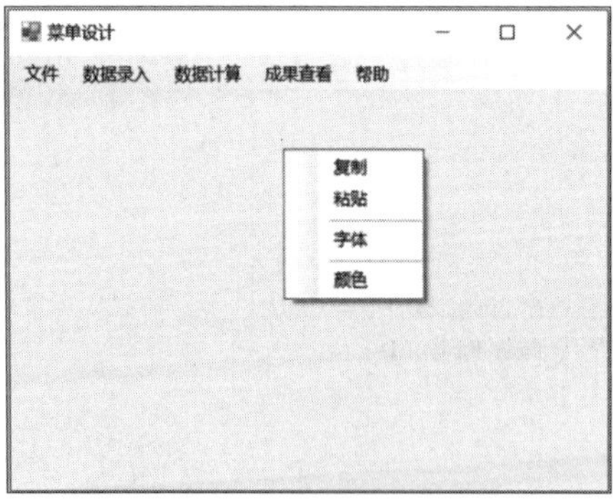

图 8.15　弹出式菜单运行结果

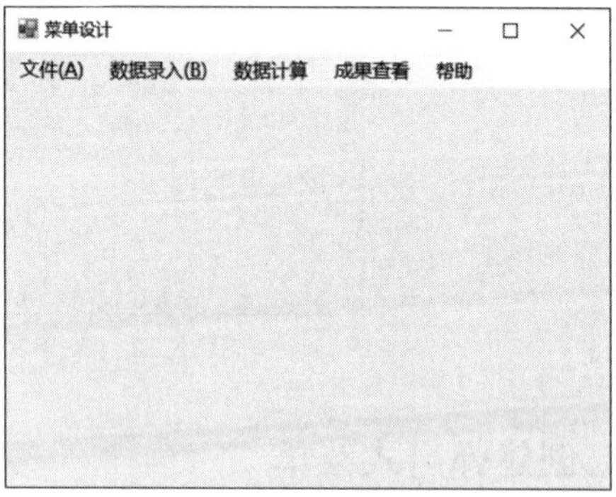

图 8.16　加入访问键的菜单

2.为菜单项添加快捷键

快捷键，又称快速键或热键，指通过某些特定的按键、按键顺序或按键组合来完成一个操作，很多快捷键往往与 Ctrl 键、Shift 键、Alt 键、Fn 键等配合使用。要为某个菜单项添加快捷键，只需设置该菜单项的 ShortcutKeys 属性。该属性默认值为 None，表示没有快捷键。需要添加快捷键时，可以单击该属性右边的下拉按钮，在弹出的菜单项中选择修饰符和相应的按键。例如,图 8.17 是为“文件(A)”→“打开”菜单项设置 Ctrl+F 的快捷键,图 8.18 是添加快捷键后的菜单界面。

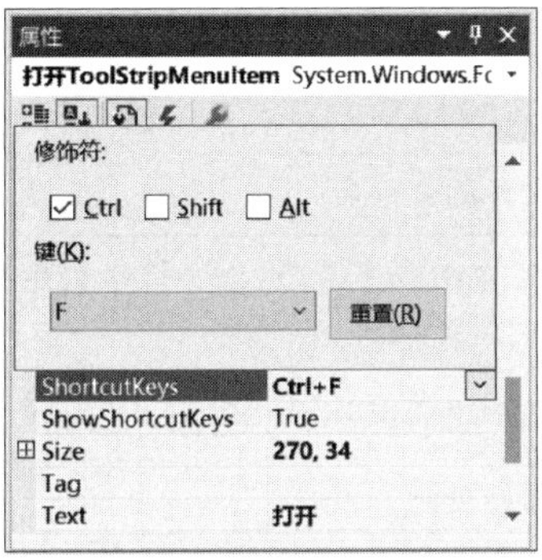

图 8.17　设置快捷键

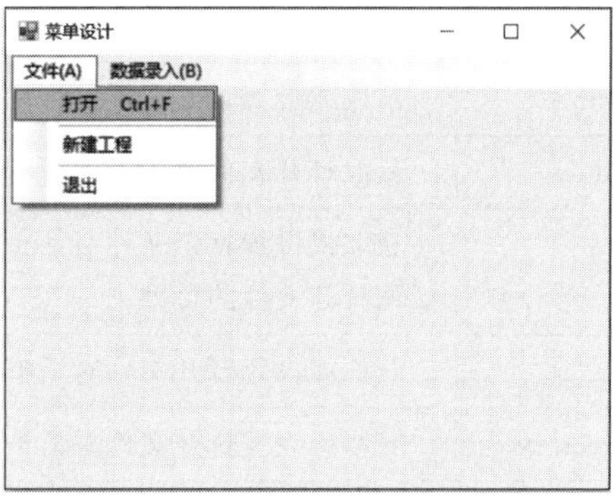

图 8.18　添加快捷键后的菜单界面

需要说明的是,快捷键在菜单中显示与否是由 ShowShortcutKeys 属性决定的。该属性值默认为 True,表示显示快捷键;若改为 False,则表示不显示快捷键。

8.4　通用对话框

通用对话框提供了 Windows 操作系统的一些通用功能,如打开文件、保存文件、设置打印机、选择字体和选择颜色等。

与普通控件的使用方法一样,把所需要的通用对话框控件拖到窗体上,C# 就会自动生成一个相应的实例。由于通用对话框是非用户界面,它们以图标方式出现在窗体下的专用面板上,但是,一样可以在“属性”窗口进行属性设置。

通用对话框仅用于应用程序与用户之间的信息交互,属于输入、输出界面,不能真正实现文件打开、文件存储、颜色设置、字体设置、打印等相关操作。这些功能需要通过编程来实现。

通用对话框有多种,这里只介绍打开文件对话框、保存文件对话框、颜色对话框和字体对话框,其他对话框的使用与它们类似。

8.4.1　打开文件对话框

打开文件对话框(OpenFileDialog)用于指定要打开的文件路径及文件名等,其常用属性及说明如表 8.29 所示,常用方法及说明如表 8.30 所示。

表 8.29　打开文件对话框的常用属性及说明

属性	说明
AddExtension	获取或设置一个值,用于指示如果省略扩展名,打开文件对话框是否自动在文件名中添加扩展名
CheckFileExists	获取或设置一个值,用于指示如果用户指定不存在的文件名,打开文件对话框是否显示警告
CheckPathExists	获取或设置一个值,用于指示如果用户指定不存在的路径,打开文件对话框是否显示警告

续表

属性	说明
DefaultExt	获取或设置默认文件扩展名
FileName	获取或设置打开文件对话框的文件名
FileNames	获取打开文件对话框中所有选定的文件的文件名
Filter	获取或设置打开文件对话框中文件名筛选器字符串,该字符串决定打开文件对话框打开文件的类型
FilterIndex	获取或设置打开文件对话框中当前选定项的索引号
InitialDirectory	获取或设置打开文件对话框显示的初始目录
Multiselect	获取或设置一个值,用于指示打开文件对话框是否允许选择多个文件
ReadOnlyChecked	获取或设置一个值,用于指示是否选定只读复选框
RestoreDirectory	获取或设置一个值,用于指示打开文件对话框在关闭前是否还原当前目录
ShowHelp	获取或设置一个值,用于指示打开文件对话框中是否显示"帮助"按钮
ShowReadOnly	获取或设置一个值,用于指示打开文件对话框中是否包含只读复选框
Title	获取或设置打开文件对话框标题

需要说明的是,Filter 属性值可以有多项,中间用"|"分开,每两项为一组,每组的第一项将出现在打开文件对话框的文件类型下拉列表中供用户选择,第二项表示如果第一项被选中,打开文件对话框中实际列出的文件。例如,Filter 属性值设置为"文本文件|*.txt|所有文件|*.*",表示打开文件对话框,其文件类型下拉列表中有"文本文件"和"所有文件"两项供用户选择。如果选中"文本文件",表示打开文件对话框只列出所有扩展名为.txt 的文件;如果选中"所有文件",表示打开文件对话框将会列出所有文件。

表 8.30　打开文件对话框的常用方法及说明

方法	说明
OpenFile	打开用户选定的具有只读权限的文件,该文件由 FileName 属性指定
Reset	将所有属性重新设置为其默认值
ShowDialog	运行打开文件对话框

使用 ShowDialog 方法时会显示打开文件对话框,用户操作后,其返回值及说明如表 8.31 所示。

表 8.31　打开文件对话框 ShowDialog 方法的返回值及说明

返回值	说明
Abort	触发"中止"按钮时,发送的返回值
Cancel	触发"取消"按钮时,发送的返回值

续表

返回值	说明
No	触发"否"按钮时,发送的返回值
OK	触发"确定"按钮时,发送的返回值
Yes	触发"是"按钮时,发送的返回值

8.4.2 保存文件对话框

保存文件对话框(SaveFileDialog)用于指定要保存的文件路径及文件名等,其常用属性及说明如表 8.32 所示;其常用方法及说明与打开文件对话框相同,参见表 8.30;保存文件对话框的返回值同样与打开文件对话框相同,参见表 8.31。

表 8.32 保存文件对话框的常用属性及说明

属性	说明
AddExtension	获取或设置一个值,用于指示如果用户省略扩展名,保存文件对话框是否自动在文件名中添加扩展名
CheckFileExists	获取或设置一个值,用于指示如果用户指定不存在的文件名,保存文件对话框是否显示警告
CheckPathExists	获取或设置一个值,用于指示如果用户指定不存在的路径,保存文件对话框是否显示警告
CreatePrompt	获取或设置一个值,用于指示如果用户指定不存在的文件,保存文件对话框是否提示用户允许用户创建该文件
DefaultExt	获取或设置默认文件扩展名
FileName	获取或设置保存文件对话框的文件名
FileNames	获取保存文件对话框中所有选定的文件的文件名
Filter	获取或设置保存文件对话框中文件名筛选器字符串,该字符串决定保存文件对话框保存文件的类型
FilterIndex	获取或设置保存文件对话框中当前选定项的索引号
InitialDirectory	获取或设置保存文件对话框显示的初始目录
OverwritePrompt	获取或设置一个值,用于指示如果用户指定的文件已经存在,保存文件对话框是否显示警告
RestoreDirectory	获取或设置一个值,用于指示保存文件对话框在关闭前是否还原当前目录
ShowHelp	获取或设置一个值,用于指示保存文件对话框中是否显示"帮助"按钮
Title	获取或设置保存文件对话框的标题

8.4.3 颜色对话框

颜色对话框(ColorDialog)用于在调色板中选择颜色或者创建自定义颜色,其常用属性及说明如表 8.33 所示。

表 8.33 颜色对话框的常用属性及说明

属性	说明
AllowFullOpen	获取或设置一个值,用于指示用户是否可以使用颜色对话框定义自定义颜色
AnyColor	获取或设置一个值,用于指示颜色对话框是否显示基本颜色集中可用的所有颜色
Color	获取或设置用户选定的颜色
CustomColors	获取或设置颜色对话框中显示的自定义颜色值
FullOpen	获取或设置一个值,用于指示创建自定义颜色的控件在颜色对话框打开时是否可见
ShowHelp	获取或设置一个值,用于指示颜色对话框中是否显示“帮助”按钮
SolidColorOnly	获取或设置一个值,用于指示颜色对话框是否限制用户只选择颜色

使用 ShowDialog 方法时会出现颜色对话框,用户操作后,其返回值为 DialogResult 枚举值,其含义如表 8.34 所示。

表 8.34 颜色对话框的常用方法及说明

方法	说明
Reset	将所有属性重新设置为其默认值
ShowDialog	运行颜色对话框
ToString	返回表示颜色对话框的字符串

8.4.4 字体对话框

字体对话框(FontDialog)用于返回所有字体的名称、样式、大小、效果及颜色,其常用属性及说明如表 8.35 所示。

表 8.35 字体对话框的常用属性及说明

属性	说明
Color	获取或设置用户选定字体的颜色
Font	获取或设置用户选定的字体名称
MaxSize	获取或设置用户可选择的最大磅值
MinSize	获取或设置用户可选择的最小磅值
ShowApply	获取或设置一个值,用于指示字体对话框是否显示“应用”按钮
ShowColor	获取或设置一个值,用于指示字体对话框是否显示颜色选择
ShowEffects	获取或设置一个值,用于指示字体对话框是否包含允许用户指定删除线、下划线和文本颜色选项的控件
ShowHelp	获取或设置一个值,用于指示字体对话框中是否显示“帮助”按钮

【例 8.5】编写“坐标正算”应用程序，程序运行界面如图 8.19 所示。具体要求及步骤如下。

(1)已知数据存储于纯文本文件中，如图 8.20 所示。图中，第一行表示 A 点坐标(x_a，y_a)，单位为 m；第二行表示已知边长 d 的长度，单位为 m；第三行表示坐标方位角 α，按照“度.分秒”格式书写。

(2)程序采用文件输入方式导入待定点 B 的坐标，即单击“导入数据”按钮时，直接导入纯文本文件中的已知数据，并显示在相应的 TextBox 控件中。

(3)“颜色设置”按钮用于设置计算结果的显示颜色，“字体设置”按钮用于设置计算结果的显示字体。

(4)主要的数学公式为：$x_b = x_a + d \cdot \cos\alpha$，$y_b = y_a + d \cdot \sin\alpha$。

(5)单击“计算”按钮时，显示计算结果为：$x_b = 89.44$，$y_b = 117.90$。

(6)所用控件及相关属性设置如表 8.36 所示。

字体对话框的常用方法及说明与颜色对话框类似，具体参见表 8.34。

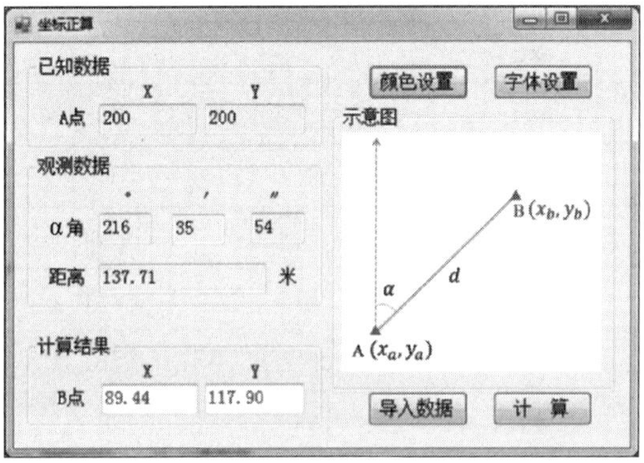

图 8.19　“坐标正算”程序运行界面

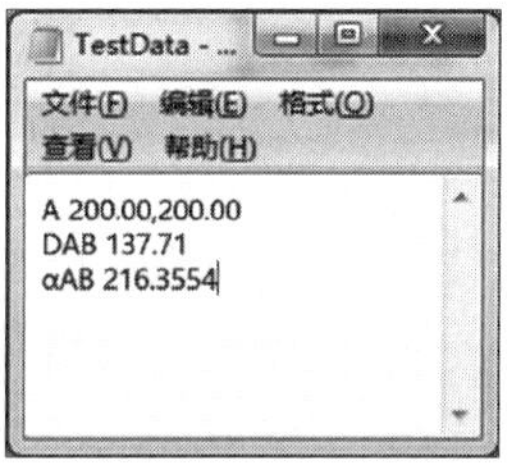

图 8.20　已知数据

表 8.36　例 8.5 窗体上添加的控件及相关属性设置

序号	控件类型	属性	属性值
1	GroupBox	Name	gbx_known
		Text	已知数据
2	GroupBox	Name	gbx_result
		Text	计算结果
3	GroupBox	Name	gbx_obs
		Text	观测数据
4	GroupBox	Name	gbx_pic
		Text	示意图
5	Label	Name	lbl_A
		Text	A 点
6	Label	Name	lbl_ax
		Text	X

续表

序号	控件类型	属性	属性值
7	Label	Name	lbl_ay
		Text	Y
8	Label	Name	lbl_angle
		Text	α 角
9	Label	Name	lbl_angd
		Text	°
10	Label	Name	lbl_angf
		Text	′
11	Label	Name	lbl_angm
		Text	″
12	Label	Name	lbl_dis
		Text	距离
13	Label	Name	lbl_disunit
		Text	米
14	Label	Name	lbl_B
		Text	B 点
15	Label	Name	lbl_bx
		Text	X
16	Label	Name	lbl_by
		Text	Y
17	Button	Name	btn_color
		Text	颜色设置
18	Button	Name	btn_font
		Text	字体设置
19	Button	Name	btn_datain
		Text	导入数据
20	Button	Name	btn_calculate
		Text	计算
21	PictureBox	Name	pbx_pic
22	TextBox	Name	tbx_xa
		Text	空

续表

序号	控件类型	属性	属性值
23	TextBox	Name	tbx_ya
		Text	空
24	TextBox	Name	tbx_angd
		Text	空
25	TextBox	Name	tbx_angf
		Text	空
26	TextBox	Name	tbx_angm
		Text	空
27	TextBox	Name	tbx_dis
		Text	空
28	TextBox	Name	tbx_xb
		Text	空
29	TextBox	Name	tbx_yb
		Text	空

程序代码如下。

```
public partial class Frm_Main : Form
{
    public Frm_Main()
    {
        InitializeComponent();
    }

    private void Frm_Main_Load(object sender,EventArgs e)
    {
        this.ActiveControl=btn_datain;//设置当前活动控件
    }

    private void btn_datain_Click(object sender,EventArgs e)
    {
        //打开文件对话框
        OpenFileDialog opdin=new OpenFileDialog();
        opdin.Filter="文本文件|*.txt";

        if(opdin.ShowDialog(this)==DialogResult.OK)
        {
            string path=opdin.FileName;
            //一维数组
            string[] line=File.ReadAllLines(path,Encoding.Default);
```

```
            for(int i=0;i<line.Length; i++)      //逐行识别
            {
                if ((i+3)%3==0)
                {
                  string[] temp=line[i].Split('');
                  string temp1=Regex.Match(temp[1],@"(-?\d+)(\,\d+)?").Value;
                  string temp2=Regex.Match(temp[2],@"(-?\d+)(\,\d+)?").Value;
                  tbx_xa.Text=temp1;
                  tbx_ya.Text=temp2;
                }
                else
                {
                  if((i+3)%3==1)
                  {
                    string[] temp=line[i].Split('');
                    string temp1=Regex.Match(temp[2], @"(-?\d+)(\.\d+)?").Value;
                    tbx_dis.Text=temp1;
                  }
                    else
                    {
                      string[] temp=line[i].Split('');
                      string ang=temp[2];                  //角度
                      double angle=Convert.ToDouble(ang);

                      double angd=Math.Floor(angle);        //度
                      double angf=Math.Floor((angle-angd)*100);      //分
                      double angm=Math.Floor(((angle-angd)*100-angf)*100);  //秒

                      tbx_angd.Text=angd.ToString();
                      tbx_angf.Text=angf.ToString();
                      tbx_angm.Text=angm.ToString();
                    }
                }
            }
        }
    }

    private void btn_calculate_Click(object sender,EventArgs e)
    {
        //定义变量
        double xa,ya;
        double xb,yb;
        double angd,angf,angm;
        double angle;
        double dis;

        //变量赋值
        xa=Convert.ToDouble(tbx_xa.Text);
        ya=Convert.ToDouble(tbx_ya.Text);
```

```
        angd=Convert.ToDouble(tbx_angd.Text);
        angf=Convert.ToDouble(tbx_angf.Text);
        angm=Convert.ToDouble(tbx_angm.Text);

        //角度转弧度
        angle=(angd+angf/60+angm/3600)/180*Math.PI;
        dis=Convert.ToDouble(tbx_dis.Text);

        //坐标正算
        xb=xa+dis*Math.Cos(angle);
        yb=ya+dis*Math.Sin(angle);

        tbx_xb.Text=xb.ToString("F2");  //保留二位小数
        tbx_yb.Text=yb.ToString("F2");  //保留二位小数
    }

    private void btn_color_Click(object sender,EventArgs e)
    {
        //颜色对话框
        ColorDialog cdg=new ColorDialog();
        if(cdg.ShowDialog()==DialogResult.OK)
        {
            tbx_xb.ForeColor=cdg.Color;
            tbx_yb.ForeColor=cdg.Color;
        }
    }

    private void btn_font_Click(object sender,EventArgs e)
    {
        //字体对话框
        FontDialog ftg=new FontDialog();
        if(ftg.ShowDialog()==DialogResult.OK)
        {
            tbx_xb.Font=ftg.Font;
            tbx_yb.Font=ftg.Font;
        }
    }
}
```

8.5　消息框

消息框一般用于在程序运行过程中显示信息，可以有不同格式的消息框。为了提高与用户的交互能力，Windows 应用程序中大量使用消息框。C＃通过 MessageBox 类实现消息框的定义。MessageBox 类通过 Show 方法显示多种形式的消息框。

1.显示指定文本的消息框

格式如下。

public static DialogResult Show(string);

其中,参数"string"表示要显示的文本信息,返回值为 DialogResult 枚举类型,可以是 None、OK、Cancel、Abort、Retry、Ignore、Yes、No 等值。

例如:

```
MessageBox.Show("欢迎来到 C#测绘程序设计课堂!");
```

程序运行结果如图 8.21(a)所示。

2.显示指定文本和标题的消息框

格式如下。

public static DialogResult Show(string, string);

其中,第一个参数"string"表示要显示的文本信息,第二个参数"string"表示消息框的标题。

例如:

```
MessageBox.Show("欢迎来到 C#测绘程序设计课堂!","问候");
```

程序运行结果如图 8.21(b)所示。

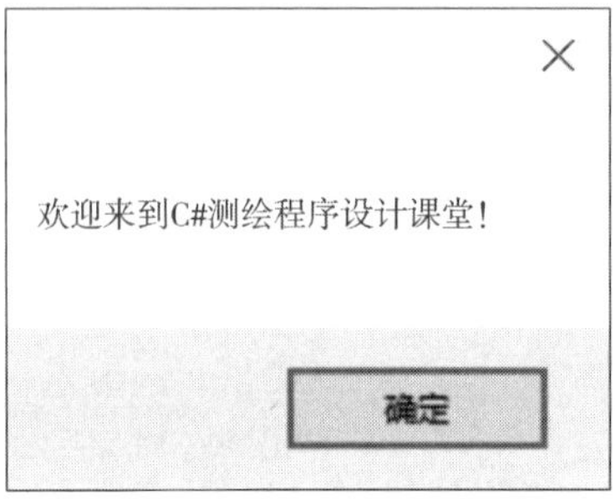

(a)显示指定文本的消息框

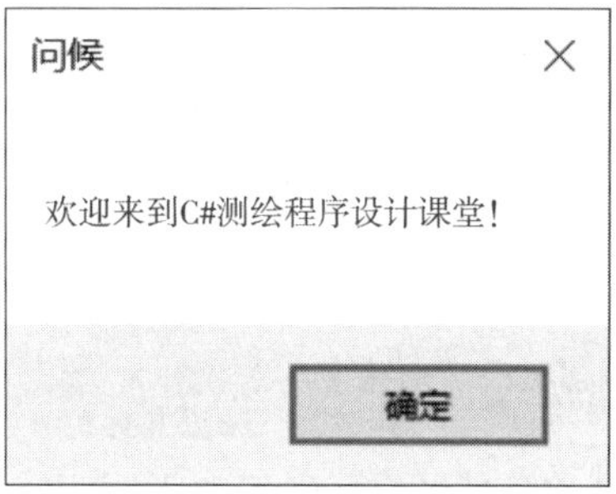

(b)显示指定文本和标题的消息框

图 8.21 通过 MessageBox.Show 显示的消息框

3.显示指定文本、标题和按钮的消息框

格式如下。

public static DialogResult Show(string, string, MessageBoxButtons);

其中,第一个参数"string"表示要显示的文本信息,第二个参数"string"表示消息框的标题,第三个参数"MessageBoxButtons"是枚举类型参数,表示按钮类型,其值包括 OK(只显示"确定"按钮),OK、Cancel(显示"确定"和"取消"按钮),Yes、No(显示"是"和"否"按钮),Yes、No、Cancel(显示"是""否"和"取消"按钮),Retry、Cancel(显示"重试"和"取消"按钮),以及 Abort、Retry、Ignore(显示"中止""重试"和"忽略"按钮)。

例如:

```
MessageBox.Show("是否继续?","警告",MessageBoxButtons.YesNoCancel);
```

程序运行结果如图 8.22 所示。

4.显示指定文本、标题、按钮和图标的消息框

格式如下。

public static DialogResult Show(string, string, MessageBoxButtons, MessageBoxIcon);

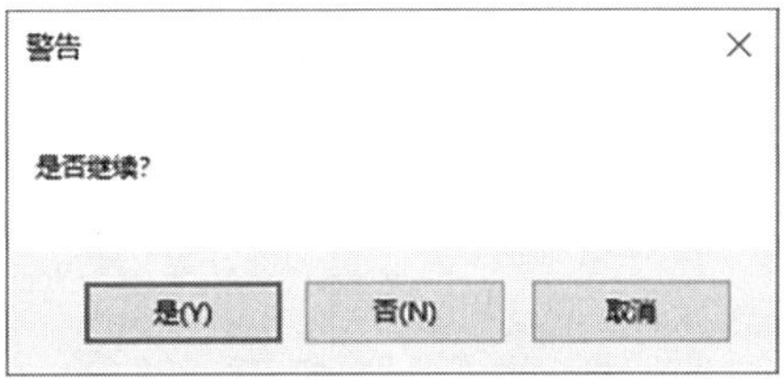

图 8.22　显示指定文本、标题和按钮的消息框

其中，第一个参数“string”表示要显示的文本信息，第二个参数“string”表示消息框的标题，第三个参数“MessageBoxButtons”表示按钮类型，第四个参数“MessageBoxIcon”表示图标类型，具体取值及说明如表 8.37 所示。

表 8.37　MessageBoxIcon 取值及说明

返回值	说明
None	消息框未包含符号
Hand	消息框包含一个由红色背景圆圈及白色×组成的符号
Question	消息框包含一个由圆圈及问号组成的符号
Exclamation	消息框包含一个由黄色背景三角形及感叹号组成的符号
Asterisk	消息框包含一个由圆圈及字母 i 组成的符号
Stop	消息框包含一个由红色背景圆圈及白色×组成的符号
Error	消息框包含一个由红色背景圆圈及白色×组成的符号
Warning	消息框包含一个由黄色背景三角形及感叹号组成的符号
Information	消息框包含一个由圆圈及字母 i 组成的符号

例如：

```
MessageBox.Show("程序发生错误", "警告", MessageBoxButtons.RetryCancel,
MessageBoxIcon.Warning);
```

程序运行结果如图 8.23(a)所示。

5.显示指定文本、标题、按钮和图标的消息框，并指定默认按钮

格式如下。

public static DialogResult Show（string, string, MessageBoxButtons, MessageBoxIcon, MessageBoxDefaultButton）;

其中，前四个参数与前述参数意思相同。如果消息框没指定默认按钮，则第一按钮为默认按钮。用户也可以通过第五个参数指定默认按钮，“MessageBoxDefaultButton”也是个枚举类型参数，其枚举值 Buttton1、Buttton2 和 Buttton3 分别表示第一按钮、第二按钮和第三按钮（消息框中最多一次显示三个按钮）。

例如：

```
MessageBox.Show("程序发生错误","警告", MessageBoxButtons.RetryCancel,
MessageBoxIcon.Warning, MessageBoxDefaultButton.Button2);
```

程序运行结果如图 8.23(b)所示。

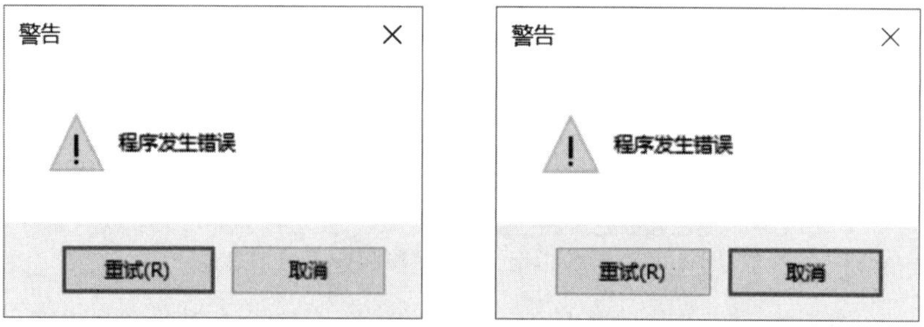

(a)显示指定文本、标题、按钮和图标的消息框　　(b)指定默认按钮的消息框

图 8.23　显示指定文本、标题、按钮、图标和默认按钮的消息框

8.6　树形视图控件

树形视图(TreeView)控件以分级或分层视图的形式显示信息,如同 Windows 操作系统中显示的文件和目录,其图标为 TreeView。

8.6.1　TreeView 控件概述

TreeView 控件由一些叠加的节点(TreeNode)构成,每个节点由图像和标签组成。每个 TreeView 控件包括一个或多个根节点,根节点又包括多个子节点,子节点还可以再包含子节点。具有子节点的节点可以展开或收缩,对 TreeView 控件的操作实际上是对节点的操作。

如果含有子节点,单击节点前的“+”或“-”,节点就会展开或收缩。运行时,也可以添加或删除节点。

TreeView 控件的节点层次结构如下。

当向 TreeView 控件对象 tvw1 中添加若干节点后,所有节点构成一个层次结构,其索引号从 0 开始。tvw1.Nodes[0]表示第一层的第一个子节点,tvw1.Nodes[1]表示第一层的第二个子节点,以此类推。tvw1.Nodes[0].Nodes 表示第一层的第一个子节点的所有子节点集合,它们又构成了第二层的节点。因此,tvw1.Nodes[0].Nodes[0]表示第一层的第一个子节点的第一个子节点,以此类推。例如,tvw1.Nodes[0].Nodes[2].Nodes[3]属于第三层的节点,表示第一层的第一个子节点的第三个子节点的第四个子节点。

8.6.2　TreeView 控件的属性

TreeView 控件的常用属性及说明如表 8.38 所示。

表 8.38　TreeView 控件的常用属性及说明

属性	说明
CheckBoxes	指示是否在节点旁显示复选框
Dock	定义要绑定到容器的控件边框
ImageIndex	节点默认的图像列表索引值
ImageList	从中获取节点图像的 ImageList 控件

续表

属性	说明
Indent	子节点的缩进宽度，以像素为单位
Nodes	获取 TreeView 控件的节点
SelectedNode	获取或设置当前选定的节点
SelectedImageIndex	获取或设置选定节点的默认的图像列表索引值
ShowLines	获取或设置一个值，用于指示是否在同级节点和上下级节点之间显示绘制的连线
ShowRootLines	获取或设置一个值，用于指示是否在根节点之间显示绘制的连线

8.6.3　TreeView 控件的事件和方法

TreeView 控件的常用事件及说明如表 8.39 所示，其常用方法及说明如表 8.40 所示。

表 8.39　TreeView 控件的常用事件及说明

事件	说明
SelectedNodeChanged	当选择 TreeView 控件中的节点时发生
TreeNodeCollapsed	当折叠 TreeView 控件中的节点时发生
AfterCollapsed	当折叠 TreeView 控件中的节点后发生
TreeNodeExpanded	当展开 TreeView 控件中的节点时发生
AfterExpanded	当展开 TreeView 控件中的节点后发生

表 8.40　TreeView 控件的常用方法及说明

方法	说明
CollapseAll	关闭 TreeView 控件中的每个节点
ExpandAll	展开 TreeView 控件中的每个节点
FindNode	检索 TreeView 控件中指定路径处的节点

8.6.4　Nodes 与 TreeNode 对象

Nodes 既是 TreeView 控件的一个属性，又是一个节点集合；每个节点又是一个 TreeNode 对象。

1.Nodes 的属性和方法

Nodes 的常用属性及说明如表 8.41 所示，其常用方法及说明如表 8.42 所示。

表 8.41　Nodes 的常用属性及说明

属性	说明
Count	集合中节点的总个数
IsReadOnly	指示集合是否只读

表 8.42 Nodes 的常用方法及说明

方法	说明
Add	增加新的节点
Contains	确定指定的节点是否为集合成员
IndexOf	返回集合中指定节点的索引
Insert	在指定位置插入一个节点
Remove	从集合中删除指定的节点
RemoveAt	从集合中删除指定索引处的节点

2.TreeNode 对象的属性和方法

TreeNode 对象的常用属性及说明如表 8.43 所示，其常用方法及说明如表 8.44 所示。

表 8.43 TreeNode 对象的常用属性及说明

属性	说明
Checked	获取或设置一个值，用以指示 TreeNode 对象是否处于选中状态
FirstNode	获取集合中的第一个子节点
FullPath	设置从指定 TreeNode 对象到当前 TreeNode 对象的路径
Index	获取指定 TreeNode 对象在集合中的位置
IsEditing	获取一个值，用以指示 TreeNode 对象是否处于可编辑状态
IsExpanded	获取一个值，用以指示 TreeNode 对象是否处于可展开状态
IsSelected	获取一个值，用以指示 TreeNode 对象是否处于选定状态
LastNode	获取集合中的最后一个子节点
Name	获取或设置 TreeNode 对象的名称
NextNode	获取下一个同级 TreeNode 对象
Nodes	获取分配给当前 TreeNode 对象的集合
Parent	获取当前 TreeNode 对象的父节点
PrevNode	获取上一个同级 TreeNode 对象
Text	获取或设置在 TreeNode 对象标签中显示的文本
TreeView	获取 TreeNode 对象分配到的父树视图

表 8.44 TreeNode 对象的常用方法及说明

方法	说明
Collapsed	折叠节点

续表

方法	说明
Equals	确定两个对象实例是否相等
Expand	展开节点
ExpandAll	展开所有子节点
GetNodeCount	返回子节点的数目
Remove	从 TreeView 控件中移除当前节点
RemoveAt	从 TreeView 控件中移除指定索引处节点
Toggle	将节点切换为展开或折叠状态

8.6.5　添加和删除节点

1.添加节点

首先，选定要添加子节点的节点；然后，使用 Nodes 的 Add 方法添加节点。TreeView 控件中节点的组织是父节点管理子节点的关系，也就是说，子节点组成的集合就是父节点的 Nodes 属性；子节点的 Index 属性是由其在子节点集合中的位置决定的，而不是由其在整个 TreeView 控件中的位置决定的。因此，可以使用以下语句找到 tvw1 对象的指定节点。

tvw1.Nodes[Index1].Nodes[Index1]…

也可以利用以下语句为 tvw1 添加子节点。

tvw1.Nodes[Index1].Nodes[Index1].Add(要添加子节点的文本信息);

2.删除节点

可以使用 RemoveAt 或 Remove 方法删除指定节点的子节点。例如，可以使用以下语句删除第一层第三个节点的第二个子节点。

tvw1.Nodes[2].Nodes.RemoveAt(1);

【例 8.6】编写“添加站点信息”应用程序，程序运行界面如图 8.24 所示。

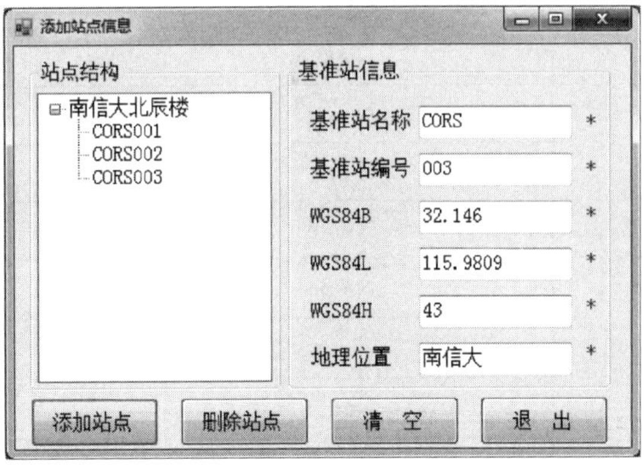

图 8.24　“添加站点信息”程序运行界面

本例中用到的控件主要有 GroupBox、Label、Button、TreeView 和 TextBox。

所用控件及相关属性设置如表 8.45 所示。

表 8.45　例 8.6 窗体上添加的控件及相关属性设置

序号	控件类型	属性	属性值
1	GroupBox	Name	gbx_station
		Text	站点结构
2	GroupBox	Name	gbx_stainf
		Text	基准站信息
3	Label	Name	lbl_staname
		Text	基准站名称
4	Label	Name	lbl_stano
		Text	基准站编号
5	Label	Name	lbl_stab
		Text	WGS84B
6	Label	Name	lbl_stal
		Text	WGS84L
7	Label	Name	lbl_stah
		Text	WGS84H
8	Label	Name	lbl_stapla
		Text	地理位置
9	Button	Name	btn_addinfo
		Text	添加站点
10	Button	Name	btn_delete
		Text	删除站点
11	Button	Name	btn_clear
		Text	清　空
12	Button	Name	btn_exit
		Text	退　出
13	TreeView	Name	tvw_station
14	TextBox	Name	tbx_station
		Text	空
15	TextBox	Name	tbx_stano
		Text	空
16	TextBox	Name	tbx_stab
		Text	空

续表

序号	控件类型	属性	属性值
17	TextBox	Name	tbx_stal
		Text	空
18	TextBox	Name	tbx_stah
		Text	空
19	TextBox	Name	tbx_stapla
		Text	空

程序代码如下。

```
namespace TreeView
{

    public partial class Frm_Main : Form
    {
        public Frm_Main()
        {
            InitializeComponent();
        }

        private void btn_addinfo_Click(object sender,EventArgs e)
        {
            TreeNode tnd=new TreeNode();
            tnd.Name=tbx_staname.Text.Trim();
            tnd.Text=tbx_staname.Text.Trim()+tbx_stano.Text.Trim();

            tvw_station.Nodes[0].Nodes.Add(tnd);
            tvw_station.ExpandAll();
        }

        private void btn_clear_Click(object sender,EventArgs e)
        {
            tbx_staname.Text="";
            tbx_stano.Text="";

            tbx_stab.Text="";
            tbx_stal.Text="";
            tbx_stah.Text="";

            tbx_stapla.Text="";
        }

        private void btn_delete_Click(object sender,EventArgs e)
        {
            int node=tvw_station.SelectedNode.Index;
```

```
            tvw_station.Nodes[0].Nodes.RemoveAt(node);
        }

        private void btn_exit_Click(object sender,EventArgs e)
        {
            this.Close();
        }
    }
}
```

8.7 工具栏控件

工具栏(ToolStrip)控件具有直观、快捷的特点,常出现在各种应用程序中,可以给用户提供极大的方便。应用程序中,用户可以使用 ToolStrip 控件设计所需要的工具栏。

一个 ToolStrip 控件可以包含若干项,每一项是一个 ToolStripItem 对象,该对象可以进一步分为按钮(ToolStripButton 对象)、标签(ToolStripLabel 对象)、文本框(ToolStripTextBox 对象)、组合框(ToolStripComboBox 对象)、分隔条(ToolStripSeparator 对象)等。通过单击各个不同的项,用户可以执行相应的操作。一般地,工具栏中的每个项都有相应的菜单命令与之对应。

8.7.1 创建 ToolStrip 控件

窗体上创建 ToolStrip 控件的步骤如下。

(1)从"工具箱"拖放一个 ToolStrip 控件到窗体,其默认名称为 toolStrip1。

(2)为了在 ToolStrip 控件中显示图标,需要使用 ImageList 控件。如果没有 ImageList 控件,ToolStrip 控件使用默认的图标。

(3)在 toolStrip1 的"属性"窗口中选定 Items 属性,单击右侧的...按钮,出现"项集合编辑器"对话框,如图 8.25 所示。这个对话框用图形化的方式编辑 toolStrip1 中的项,其左侧是一个项添加器,右侧是对应的属性设置窗口。

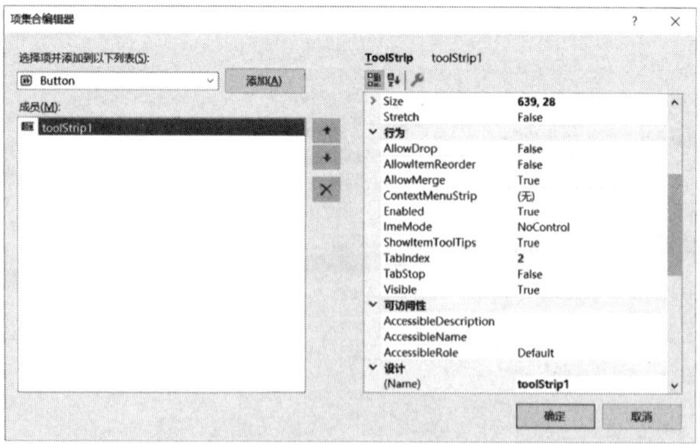

图 8.25 toolStrip1 的"项集合编辑器"对话框

在"项集合编辑器"对话框中,单击左侧的"添加"按钮即可添加一个项,通过右侧的窗口可以设置各项的相关属性。这里添加了三个项,并通过"Image"属性设置各项的图标,如图 8.26

所示。单击×按钮,可以删除当前选中的项。

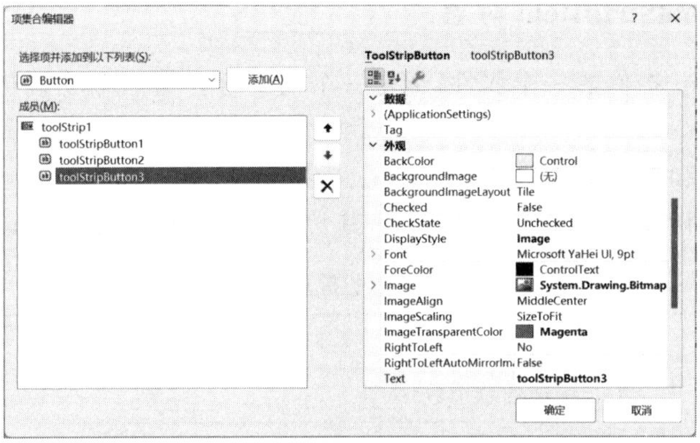

图 8.26 "项集合编辑器"中添加三个按钮

在窗体上添加一个 ToolStrip 控件后,也可以利用其中的按钮添加各项,其功能与"项集合编辑器"对话框相似。

(4)当添加完成后,单击"确定"按钮返回,此时窗体中 toolStrip1 即可显示相关信息,如图 8.27 所示。

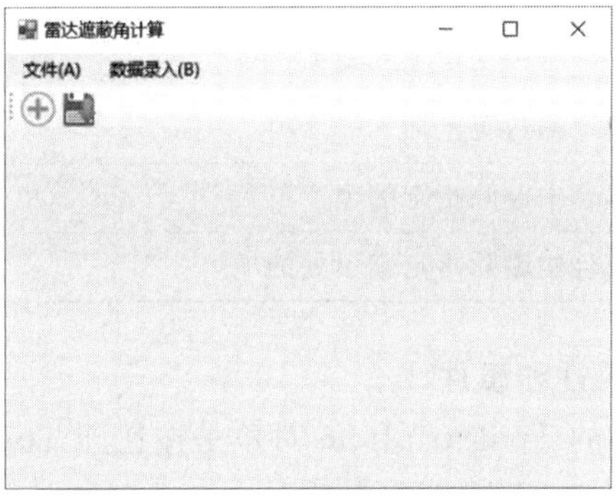

图 8.27 toolStrip1 运行结果

8.7.2 ToolStrip 控件的属性

ToolStrip 控件的常用属性及说明如表 8.46 所示。

表 8.46 ToolStrip 控件的常用属性及说明

属性	说明
AutoSize	获取或设置一个值,用于指示是否自动调整控件的大小以完整显示其内容
ImageList	获取或设置包含 ToolStrip 控件项上显示的图像的列表
Items	ToolStrip 控件中包含的项集合
ShowItemToolStrip	获取或设置一个值,用于指示是否要在 ToolStrip 控件项上显示工具提示
Text	获取或设置与此 ToolStrip 控件关联的文本
Visible	获取或设置一个值,用于指示是否显示 ToolStrip 控件
Width	获取或设置 ToolStrip 控件的宽度

8.7.3 Items 和 ToolStripItem 对象

Items 是 ToolStrip 控件的一个属性，也是一个项集合。每一个项就是一个 ToolStripItem 对象。

1. Items 的属性和方法

Items 的常用属性及说明如表 8.47 所示，其常用方法及说明如表 8.48 所示。

表 8.47 Items 的常用属性及说明

属性	说明
Count	集合中项的总个数
IsReadOnly	指定该集合是否只读

表 8.48 Items 的常用方法及说明

方法	说明
Add	添加新的项
Contains	确定指定的项是否为集合成员
IndexOf	返回集合中指定项的索引
Insert	在指定的位置上插入一个项
Remove	从集合中删除指定的项
RemoveAt	从集合中删除指定索引处的项

2.ToolStripItem 对象的属性和事件

ToolStrip 控件中最常见的 ToolStripItem 对象是按钮即 ToolStripButton 对象，其常用属性及说明如表 8.49 所示，其方法很少使用，其事件主要为 Click 事件。

表 8.49 ToolStripButton 对象的常用属性及说明

属性	说明
BackColor	获取或设置项的背景色
CanSelect	获取或设置一个值，用于指示 ToolStripButton 对象是否可选
Checked	获取或设置一个值，用于指示是否已经按下 ToolStripButton 对象
Enabled	获取或设置一个值，用于指示是否已经启用了 ToolStripButton 对象的父控件
Font	获取或设置由该项显示的文本的字体
ForeColor	获取或设置项的前景色
Height	获取或设置 ToolStripButton 对象的高度(以像素为单位)
ImageIndex	获取或设置显示在 ToolStripButton 对象上图像的索引
ImageAlign	获取或设置显示在 ToolStripButton 对象上的图像对齐方式

续表

属性	说明
TextAlign	获取或设置显示在 ToolStripButton 对象上的文本对齐方式
TextImageRelation	获取或设置文本和图像之间的关系
ToolTipText	获取或设置在 ToolStripButton 对象的 ToolTip 控件显示的文本
Visible	获取或设置一个值，用于指示是否显示该项
Width	获取或设置 ToolStripButton 对象的宽度(以像素为单位)

8.8 状态栏控件

状态栏(StatusStrip)控件通常位于窗体的底部，用于显示提示信息或显示应用程序当前状态等信息。

一个 StatusStrip 控件可以包含若干项，每一项是一个 ToolStripItem 对象，该对象可以进一步分为状态标签(ToolStripStatusLabel 对象)、进度条(ToolStripProgressBar 对象)、下拉按钮 1(ToolStripDropDownButton 对象)或下拉按钮 2(ToolStripSplitButton 对象)等。

8.8.1 创建 StatusStrip 控件

窗体上创建 StatusStrip 控件的步骤如下。

(1)从“工具箱”拖放一个 StatusStrip 控件到窗体，其默认名称为 statusStrip1。

(2)在 statusStrip1 的“属性”窗口中选定 Items 属性，单击右侧的[...]按钮，出现“项集合编辑器”对话框，如图 8.28 所示。这个对话框用图形化的方式编辑 statusStrip1 中的项，其左侧是一个项添加器，右侧是对应的属性窗口。

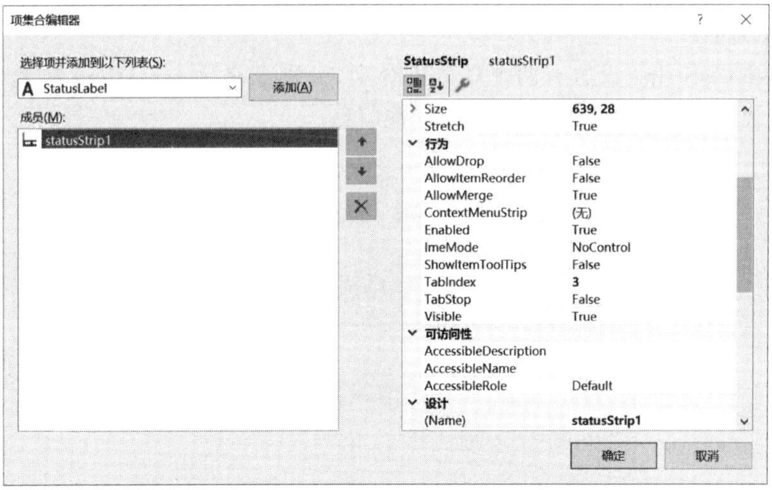

图 8.28 statusStrip1 的“项集合编辑器”对话框

(3)在“项集合编辑器”对话框中，单击左侧的“添加”按钮即可添加一个项，通过右侧的窗口可以设置各项的相关属性。单击[×]按钮，可以删除当前选中的项。

(4)当添加完 StatusStrip 控件后,单击"确定"按钮返回,此时窗体中 statusStrip1 即可显示相关信息。

8.8.2 StatusStrip 控件的属性

StatusStrip 控件的常用属性及说明如表 8.50 所示。

表 8.50 StatusStrip 控件的常用属性及说明

属性	说明
AutoSize	获取或设置一个值,用于指示是否自动调整控件的大小以完整显示其内容
BackColor	获取或设置 StatusStrip 控件的背景色
BackgroundImage	获取或设置在 StatusStrip 控件中显示的背景图像
Font	获取或设置在 StatusStrip 控件中显示的文本字体
ForeColor	获取或设置 StatusStrip 控件的前景色
Height	获取或设置 StatusStrip 控件的高度(以像素为单位)
Items	StatusStrip 控件中包含的项集合
Name	获取或设置 StatusStrip 控件的名称
Size	获取或设置 StatusStrip 控件的高度和宽度(以像素为单位)
Text	获取或设置与 StatusStrip 控件关联的文本
Visible	获取或设置一个值,用于指示是否显示该项
Width	获取或设置 StatusStrip 控件的宽度(以像素为单位)

当向 StatusStrip 控件添加项后,每个项都有自己的属性和事件,设计各项事件的方法与 ToolStrip 控件类似。

【例 8.7】 statusStrip1 设置有两个具体集合项,分别命名为 tssl_time 和 tssl_location,分别显示当前系统的日期(图 8.29)和鼠标的位置信息。

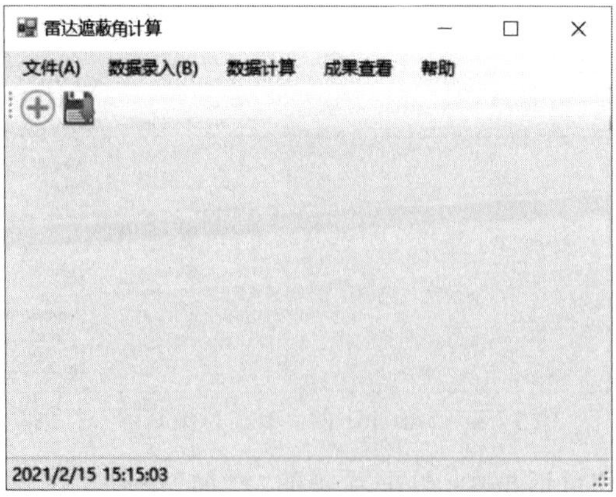

图 8.29 statusStrip1 运行结果

程序代码如下。

```
private void Form1_Load(object sender,EventArgs e)
{
  tssl_time.Text=DateTime.Now.ToShortDateString();
}

private void Form1_MouseMove(object sender,MouseEventArgs e)
{
    Point ms=Control.MousePosition;     //获取鼠标的位置信息
    tssl_location.Text=Convert.ToString(ms.X)+","+Convert.ToString(ms.Y);
}
```

习题八

一、选择题

1.在设计窗口，可以通过______属性向列表框和组合框控件的列表添加项。

A.Items　B.Items.Count　C.Text　D.SelectedIndex

2.下列控件中，没有 Text 属性的是______。

A.GroupBox　B.ComboBox　C.CheckBox　D.Timer

3.关于 MenuStrip 控件，说法正确的是______。

A.该控件可以完成其他控件所不能完成的任务

B.一个窗体只能有一个控件实例

C.一个窗体只能有一个菜单系统与之相关联

D.控件实例不能创建菜单项的热键

4.设计动画通常使用 Timer 控件的______属性来控制动画速度。

A.Enabled　B.Interval　C.Timer　D.Move

5.引用 ListBox 控件(列表框)当前被选中的数据项应使用______语句。

A.ListBox1.Items[ListBox1.Items.Count]

B.ListBox1.Items[ListBox1.SelectedIndex]

C.ListBox1.Items[ListBox1.Items.Count-1]

D.ListBox1.Items[ListBox1.SelectedIndex-1]

6.右键单击鼠标弹出菜单是通过______控件设计的。

A.ContextMenuStrip　B.MianMenuStrip

C.Items　D.TextDirection

7.下面______代码可以显示一个消息框。

A.Dialog.Show();　B.MessageBox.Show();

C.Form.Show();　D.Form.ShowDialog();

8.变量 openFileDialog1 引用了一个 OpenFileDialog 对象，为检查用户在退出打开文件对话框时是否单击了“打开”按钮，应检查 openFileDialog1.ShowDialog()的返回值是否等于______。

A.DialogResult.OK　B.DialogResult.Yes

C.DialogResult.No　　D.DialogResult.Cancel

9.要创建多文档应用程序,需要将窗体的______属性设为 True。

A.DrawGrid　　B.ShowInTaskbar

C.Enabled　　D.IsMdiContainer

二、判断题

1.如果把 Timer 控件的 Visible 属性设置为 Ture,则显示当前系统时间。

2.在设计 GroupBox 控件时,当移动单个 GroupBox 控件时,它包含的所有控件会一起移动。

3.在设计菜单时,双击"工具箱"中的 StatusStrip 控件。

4.程序开发人员不需要创建 MessageBox 类的实例,只需调用 Show 方法即可显示消息框。

5.用户可以使用拖动的方法将控件添加到窗体中。

6.多行文本框要设置 MultiLine 属性。

7.容器不是控件。

8.DateTimePicker 控件的 Value 属性可以用来设置用户选取的时间。

9.向 ListBox 控件中添加项可以使用 Items.Add 方法。

三、编程题

设计"CGCS2000 大地坐标转空间直角坐标程序"界面,要求可以完成单个数据和批量数据的录入、计算、存储、显示、删除、修改,以及程序关闭功能。

第9章　图形设计

图形绘制与图形显示是测绘程序非常重要的内容。C＃提供了既丰富又灵活的图形设计功能，通过其相关类提供的不同方法可以绘制直线、圆、椭圆等图形，还可以控制图形的位置、颜色和样式等。

9.1　概述

.NET Framework的图形设备接口(graphics device interface，GDI)主要用于图形相关操作。GDI的主要任务是处理操作系统与绘图程序之间的信息交换，负责所有基于Windows操作系统的应用程序的图形输出。

在Windows操作系统中，绝大多数具备图形界面的应用程序都需要GDI的支持。GDI提供了众多函数，可以方便地实现在显示器、打印机及其他输出设备上输出图形、文本等功能。GDI＋是一个二维的图形库，可将绘图应用程序和硬件分隔，让程序设计人员能够编写与硬件无关的应用程序。

9.1.1　绘图概述

GDI＋包含了.NET类库中System.Drawing命名空间下的很多类，通过它能够实现在窗体上绘图所必需的功能，也可以在屏幕上完成文本和位图的绘制，还可以控制字体、颜色、线条粗细、阴影、方向等，并把这些操作发送到显示卡上，确保在显示器上正确输出。常用的GDI＋类和结构分别如表9.1和表9.2所示。

表9.1　常用的GDI＋类

类	说明
Bitmap	封装GDI＋位图，该位图由图形、图像及其属性的像素数据组成。Bitmap类用于处理由像素数据定义的图像
Brush	定义用于填充图形形状(如矩形、椭圆等)内部的对象
Brushes	定义所有标准颜色对应的画笔
Font	定义文本的特定格式，包括字体、字号和样式属性
Pen	定义用于绘制直线和曲线的对象
SolidBrush	定义单个颜色所对应的画笔。画笔用于填充图形形状，如矩形、椭圆形、扇形、多边形等
TextureBrush	TextureBrush类的每个属性都是一个使用图像填充形状内部的Brush对象

表 9.2　常用的 GDI+结构

结构	说明
Color	表示一种 ARGB 颜色
Point	提供有序的 X、Y 坐标对，该坐标对在二维平面中表示一个点
Rectangle	存储一组表示矩形的位置和大小的整数

9.1.2　绘图的基本知识

利用 GDI 绘制图形前，需要掌握以下有关绘图的基本知识。

1.像素

计算机屏幕是由纵横方向上成千上万个点组成的，这些点称为像素。应用程序通过定义每个像素的颜色控制屏幕显示的内容。

2.坐标系统

坐标系统是测绘中的基本内容，C#的窗体、控件都定义有以像素为单位的坐标系统。坐标系统决定了每个像素的位置，其中，*X* 坐标代表从绘图区左边缘到某一点的距离，*Y* 坐标代表从绘图区上边缘到某一点的距离。坐标原点在窗体或控件的左上角，坐标为(0,0)。*X* 轴正方向为水平向右，*Y* 轴正方向为垂直向下。

3.Paint 事件

Paint 事件用于实现重新绘制图形的操作。C#中绘制图形时存在一种情况，即运行程序得到所绘制的图形后，如果窗体最小化或被其他窗体遮挡，再恢复它，刚刚绘制的图形就消失了，此时需要重新绘制图形。

窗体和控件都有一个 Paint 事件，当需要重新绘制图形时，就会触发该事件。通常可以将用于显示图形的代码都包含在 Paint 事件处理程序中。

4.颜色

颜色是绘图功能的重要组成部分。C#中，颜色用 Color 结构和 Color 枚举进行表示。Color 结构中，颜色由 Red、Green、Blue 和 Alpha 这四个整数值控制。这里，Red、Green 和 Blue 分别表示颜色的红、绿、蓝三原色，可以分别简写为 R、G、B；Alpha 表示不透明度。

此外，也可以通过 Color 结构的 FromArgb 方法来设置和获取颜色，其语法格式如下。

Color.FromArgb([A,]R,G,B);

其中，"A"表示透明参数，其值为 0～255，数值越小越透明，0 表示全透明，255(默认值)表示完全不透明。"R""G""B"为颜色参数，无默认值，范围在 0～255，如(255,0,0)为红色，(0,255,0)为绿色，(0,0,255)为蓝色。

C#也支持直接使用系统自定义颜色。这些被定义的颜色有 140 多个，均用英文命名，常用的有 Red、Green、Blue、Yellow、Brown、White、Pink 和 Orange 等。其语法格式如下。

Color.颜色名称;

例如，以下两个语句都是将文本框 textBox1 的背景颜色设置为红色，前者使用 FromArgb 方法设置颜色，后者直接使用系统自定义颜色，两个语句的作用完全相同。

```
textBox1.Backcolor=Color.FromArgb(255,0,0);
textBox1.Backcolor=Color.Red;
```

9.1.3　Graphics 类

Graphics 类封装一个 GDI+绘图图面，其不能被继承。Graphics 类是 GDI+的核心类。它包含许多绘制操作的方法，所有 C# 的图形绘制都是通过它提供的方法进行的。例如，用 DrawLine 方法可以绘制一条连接由坐标对表示的两个点的线条。

9.2　绘图的基本步骤

9.2.1　创建 Graphics 对象

绘图之前，需要在指定的窗体上创建一个 Graphics 对象，即建立一块画布。只有创建了 Graphics 对象，才可以调用 Graphics 类的方法绘图。

创建 Graphics 对象的常用方法有以下两种。

1.调用 CreateGraphics 方法建立 Graphics 对象

调用当前窗体的 CreateGraphics 方法，把窗体的画笔、字体和颜色作为默认值，实现对 Graphics 对象的引用。

例如，在窗体 Form1 的 Paint 事件中编写如下代码，建立 Graphics 对象。

```
private void Form1_Paint(object sender, PaintEventArgs e)
{
    Graphics grp=this.CreateGraphics(); //创建 Graphics 对象
}
```

2.在 Paint 事件过程中创建 Graphics 对象

在窗体的 Paint 事件处理过程中，通过 Graphics 属性创建 Graphics 对象。

例如，在窗体 Form1 的 Paint 事件中编写如下代码，创建 Graphics 对象。

```
private void Form1_Paint(object sender, PaintEventArgs e)
{
    Graphics grp=e.Graphics; //创建 Graphics 对象
}
```

9.2.2　创建绘图工具

Graphics 对象创建完成后，需要和以下的 Pen 类、Brush 类等一起绘制图形，也可以显示与操作图形。

1.Pen 类

Pen 类主要用于绘制线条、勾勒形状轮廓或呈现其他几何表示形式。根据需要可对画笔的不同属性进行具体设置。

Pen 类的构造函数有 4 个，使用方法如下。

(1)创建有颜色的 Pen 对象。

Public Pen(Color);

(2)创建有画刷样式的 Pen 对象。

Public Pen(Brush);

(3)创建有画刷样式且有相应宽度的 Pen 对象。

Public Pen(Brush, float);

(4)创建有颜色且有相应宽度的 Pen 对象。

Public Pen(Color, float);

Pen 类具有宽度、线条样式和颜色等不同属性,其常用属性及说明如表 9.3 所示。

表 9.3 Pen 类的常用属性及说明

属性	说明
Color	设置颜色
Brush	获取或设置画刷
DashStyle	设置虚线样式,取值如下。 ①Custom:指定自定义划线段样式。 ②Dash:指定由划线段组成的直线。 ③DashDot:指定由重复的划线点图案构成的直线。 ④DashDotDot:指定由重复的划线双点图案构成的直线。 ⑤Dot:指定由点构成的直线。 ⑥Solid:指定实线
EndCap	设置直线终点使用的线帽样式,取值如下。 ①AnchorMask:指定用于检查线帽是否为锚头帽的掩码。 ②ArrowAnchor:指定箭头状锚头帽。 ③Custom:指定自定义线帽。 ④DiamondAnchor:指定菱形锚头帽。 ⑤Flat:指定平线帽。 ⑥NoAnchor:指定没有锚头帽。 ⑦Round:指定圆线帽。 ⑧RoundAnchor:指定圆锚头帽。 ⑨Square:指定方线帽。 ⑩SquareAnchor:指定方锚头帽。 ⑪Triangle:指定三角线帽
StartCap	设置直线起点使用的线帽样式,取值与 EndCap 相同
PenType	获取直线样式,取值如下。 ①HatchFill:指定阴影填充。 ②LinearGradient:指定线性渐变填充。 ③PathGradient:指定路径渐变填充。 ④SolidColor:指定实填充。 ⑤TextureFill:指定位图纹理填充
Transform	获取或设置几何变换
Width	设置线的宽度

例如,下面语句创建了两个不同的 Pen 对象。

```
Pen np1=new Pen(Color.Red);      //创建一个红色,像素宽度默认为 1 的画笔
Pen np2=new Pen(Color.Red, 100); //创建一个红色,像素宽度为 100 的画笔
np1.DashStyle=System.Drawing2D.DashStyle.Dash; //设置直线样式为虚线
np1.StartCap=System.Drawing2D.LineCap.DiamondAnchor; //设置直线起点样式
np1.EndCap=System.Drawing2D.LineCap.Round; //设置直线终点样式
```

2.Brush 类

Brush(画刷)类主要用于填充图形区域,可以是实心形状、图像或文本等。GDI+提供了 SolidBrush(实心画刷)、HatchBrush(阴影画刷)、TextureBrush(纹理画刷)和 LinearGradientBrush(渐变画刷)等多种不同形式的画刷。

下面仅以 SolidBrush 和 HatchBrush 为例,介绍 Brush 类的使用方法。

(1)SolidBrush 用于指定图形区域的填充颜色,其创建方法如下。

SolidBrush 画刷名称=new SolidBrush(画刷颜色);

例如,下面代码定义了一个红色的实心画刷。

```
SolidBrush redbrush=new SolidBrush(Color.Red);
```

(2)HatchBrush 用某一种图案填充图形区域,其创建方法如下。

HatchBrush 画刷名称=new HatchBrush(HatchStyle, ForegroundColor, BackgroundColor);

其中,"HatchStyle"是一个枚举类型,用于获取填充图案的类型,该枚举有 50 多个图案类型,部分样式及说明如表 9.4 所示;"ForegroundColor"表示"HatchBrush"对象绘制的阴影线条颜色;"BackgroundColor"表示"HatchBrush"对象绘制的阴影线条之间的空间颜色。

表 9.4　HatchBrush 的部分样式及说明

样式	说明
BackwardDiagonal	从右上到左下的对角线
DarkDownwardDiagonal	从顶点到底点向右倾斜的对角线
ForwardDiagonal	从左上到右下的对角线
Horizontal	水平线
Plaid	格子花呢材料外观的阴影
Shingle	对角分层鹅卵石外观的阴影
Cross	交叉的水平线和垂直线
Divot	草皮层外观的阴影
SmallGrid	互相交叉的水平线和垂直线
SolidDiamond	对角放置的棋盘外观的阴影

3.Font 类

Font 类用于定义特定的文本格式,包括字体名称、字体大小和字体样式等属性,其语法格式如下。

Font 字体对象=new Font(字体名称,字体大小,字体样式);

其中，字体样式为 FontStyle 枚举类型。字体样式及说明如表 9.5 所示。

表 9.5　字体样式及说明

字体样式	说明	字体样式	说明
Bold	粗体	Strikeout	有删除线
Italic	斜体	Underline	有下划线
Regular	正常文本		

例如，下面的语句创建了一个字体名称为宋体，字体大小为 20，字体样式为粗体的 Font 类对象。

Font ft=new Font("宋体",20,FontStyle.Bold);

4.Color 结构

Color 结构表示不同的颜色。绘图前可以使用 Color 结构的自定义颜色，也可以利用 Color 结构的 FromArgb 方法创建 RGB 颜色。

9.2.3　绘图方法

Graphics 类提供了丰富的绘图方法，可以绘制空心图形、填充图形和文本等。

绘制空心图形的方法主要有 DrawArc（绘制圆弧）、DrawBezier（绘制贝塞尔曲线）、DrawEllipse（绘制椭圆或圆）、DrawLine（绘制直线）、DrawPolygon（绘制多边形）和 DrawRectangle（绘制矩形）等。

绘制填充图形的方法主要有 FillClosedCurve（填充由曲线形成的封闭区域）、FillEllipse（填充椭圆或圆）、FillPath（填充区域）、FillPolygon（填充多边形）和 FillRectangle（填充矩形）。

9.2.4　清理 Graphics 对象

Graphics 对象完成绘图后，当需要重新绘制新的图形时，需要使用 Clear 方法清理画布对象，具体语法格式如下。

画布对象.Clear(颜色);

例如，下面的语句将画布对象 *gph* 清理为白色。

```
gph.Clear(Color.White) ;
```

9.2.5　释放资源

当程序中创建的 Graphics、Pen、Brush 等对象不再使用时，应当调用对象的 Dispose 方法尽快释放资源。如果不主动调用 Dispose 方法，系统将自动回收这些资源，但释放资源的时间会有一定的滞后。

9.3　绘制图形

使用 Graphics 对象可以实现绘制图形功能。根据形状的不同，图形可分为直线、矩形、多边形、圆和椭圆、弧线、饼形、闭合曲线等不同的类型；根据内部是否填充，图形又可分为空心图形和填充图形。

9.3.1　绘制直线

直线不区分空心图形和填充图形。绘制直线首先需要创建 Graphics 对象和 Pen 对象，然后利用 Graphics 对象提供的 DrawLine 方法。其常用语法格式如下。

Graphics.DrawLine(Pen，起点坐标，终点坐标)；

绘制直线时，需要指明直线的起点坐标和终点坐标。

Pen 对象是画笔，用于指定画线的颜色等。

9.3.2　绘制矩形

矩形有空心矩形和填充矩形两种。

1.绘制空心矩形

Graphics 对象提供了 DrawRectangle 和 DrawRectangles 两种绘制空心矩形的方法，它们常用的语法格式如下。

Graphics.DrawRectangle(Pen，Rectangle)；

Graphics.DrawRectangles(Pen，Rectangle[])；

其中，“DrawRectangle”方法绘制一个 Rectangle 结构定义的矩形，“DrawRectangles”方法绘制一系列 Rectangle 结构定义的矩形。

Rectangle 是一个结构类型，其中存储了四个整数(矩形的左上角横坐标、左上角纵坐标、宽和高)，表示矩形的位置和大小。对于使用 Rectangle 参数的地方，也可以直接用矩形的左上角横坐标、左上角纵坐标、宽和高这四个量代替。

2.绘制填充矩形

C# 中使用 FillRectangle 和 FillRectangles 方法绘制填充矩形，其常用语法格式如下。

Graphics.FillRectangle(Brush，Rectangle)；

Graphics.FillRectangles(Brush，Rectangle[])；

9.3.3　绘制多边形

多边形分为空心多边形和填充多边形。

1.绘制空心多边形

多边形是由三条或三条以上的线段首尾顺次连接所组成的平面图形。绘制多边形时，需要使用 Graphics 对象、Pen 对象，以及 Point 或 PointF 对象数组。Graphics 对象提供了 DrawPolygon 方法用于绘制空心多边形，其常用的语法格式如下。

Graphics.DrawPolygon(Pen，Point[])；

其中，“Pen”对象定义了绘图使用的画笔，“Point[]”定义了一组 Point 结构对象组合而成的多边形。

2.绘制填充多边形

Graphics 对象提供了绘制填充多边形的 FillPolygon 方法，其常用语法格式如下。

Graphics.FillPolygon(Brush，Point[])；

其中，“Brush”对象定义了绘图使用的画刷，“Point[]”定义了一组 Point 结构对象组合而成的多边形。

9.3.4 绘制圆和椭圆

圆和椭圆也分为空心图形和填充图形两类。

1.绘制空心圆和椭圆

Graphics 对象提供了 DrawEllipse 方法用于绘制空心圆或椭圆,其常用的语法格式如下。

Graphics.DrawEllipse(Pen, Rectangle);

其中,“Pen”对象定义了绘图使用的画笔;“Rectangle”为矩形时,绘制的是矩形的内切椭圆;“Rectangle”为正方形时,绘制的是正方形的内切圆。

2.绘制填充圆和椭圆

Graphics 对象提供了 FillEllipse 方法用于绘制填充圆或椭圆,其常用语法格式如下。

Graphics.FillEllipse(Brush, Rectangle);

其中,“Brush”对象定义了绘图使用的画刷;“Rectangle”为矩形时,绘制的是矩形的内切椭圆;“Rectangle”为正方形时,绘制的是正方形的内切圆。

9.3.5 绘制弧线

弧线是椭圆的一部分,其不分空心图形和填充图形。Graphics 对象提供了 DrawArc 方法用于绘制弧线,但需要提供绘制弧线的起点坐标、终点坐标、起始角度及仰角参数,其常用的语法格式如下。

Graphics.DrawArc(Pen,起点坐标,终点坐标,起始角度,仰角参数);

9.4 应用实例

利用全球定位系统(Global Positioning System,GPS)、北斗导航卫星系统(BeiDou Navigation Satellite System,BDS)及格洛纳斯导航卫星系统(Global Navigation Satellite System,GLONASS)的卫星的高度角、方位角、垂直精度衰减因子(vertical dilution of precision ,VDOP)、位置精度衰减因子(position dilution of precision,PDOP)、水平精度衰减因子(horizontal dilution of precision,HDOP)等参数设计简单的“GNSS 星空图”应用程序,程序运行界面如图 9.1 所示。

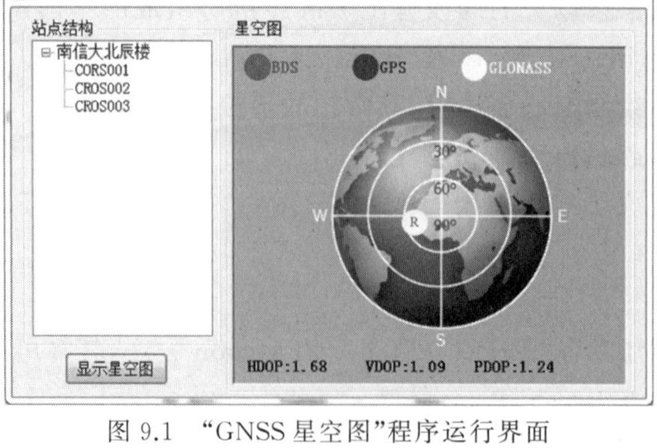

图 9.1 “GNSS 星空图”程序运行界面

(1)本例中用到的控件主要有 GroupBox、PictureBox、TreeView 及 Button。

(2)本例需要用到 arth.png、blue1.png、red1.png 和 yellow1.png 四幅图片,放置于启动目录文件夹下的 image 文件夹内。

(3)窗体上添加的控件及相关属性设置如表 9.6 所示。

表 9.6 "GNSS 星空图"窗体上添加的控件及相关属性设置

序号	控件类型	属性	属性值
1	GroupBox	Name	gbx_stations
		Text	站点结构
2	GroupBox	Name	gbx_show
		Text	星空图
3	PictureBox	Name	pbx_show
4	Button	Name	btn_show
		Text	显示星空图
5	TreeView	Name	tvw_show

程序代码如下。

```
namespace GNSS 星空图
{
    public partial class Frm_Main : Form
    {
        public Frm_Main()
        {
            InitializeComponent();
        }
        //定义类
        class GNSSdate
        {
            private float hdop;
            private float vdop;
            private float pdop;
            private float elevation;
            private float azimuth;
            string model;

            public float HDOP
            {
                get{return hdop;}
                set{hdop=value;}
            }

            public float VDOP
            {
```

```
            get{return vdop;}
            set{vdop=value;}
        }

        public float PDOP
        {
            get{return pdop;}
            set{pdop=value;}
        }

        public float ELE
        {
            get{return elevation;}
            set{elevation=value;}
        }

        public float AZI
        {
            get{return azimuth;}
            set{azimuth=value;}
        }

        public string MOD
        {
            get{return model;}
            set{model=value;}
        }
    }

    private void drawsatellite(ref Graphics gra,PictureBox pbx,
GNSSdate gnssdata)
    {
        string strHDOP=gnssdata.HDOP.ToString();
        string strVDOP=gnssdata.VDOP.ToString();
        string strPDOP=gnssdata.PDOP.ToString();

        Font f1=new Font("宋体",12,FontStyle.Bold); //定义字体
        Font f=new Font("宋体",12,FontStyle.Bold);  //定义字体

        int x0=pbx.Width/4;                  //外部圆的X坐标
        int y0=pbx.Height/20;                //外部圆的Y坐标
        int rg=pbx.Height/5*3+20;            //外部圆的直径

        gra.DrawString(strHDOP,f1,new Pen(Color.Black).Brush,55,y0+ rg+70);
        gra.DrawString(strVDOP,f1,new Pen(Color.Black).Brush,175,y0+ rg+70);
```

```
            gra.DrawString(strPDOP,f1,new Pen(Color.Black).Brush,285,y0+rg+70);

            string gmod=gnssdata.MOD;
            Bitmap pic;
            Rectangle PicSize;

            if(gmod=="G")
            {
                pic=new Bitmap(Application.StartupPath.Substring(0,Application.
StartupPath.LastIndexOf(@"\"))+"\\Image"+"\\picu.png");
                picSize=new Rectangle(0,0,pic.Width,pic.Height);
            }
            else if(gmod=="B")
            {
                pic=new Bitmap(Application.StartupPath.Substring(0,Application.
StartupPath.LastIndexOf(@"\"))+"\\Image"+"\\picc.png");
                picSize=new Rectangle(0,0,pic.Width,pic.Height);
            }
            else
            {
                pic=new Bitmap(Application.StartupPath.Substring(0,Application.
StartupPath.LastIndexOf(@"\"))+"\\Image"+"\\picr.png");
                picSize=new Rectangle(0,0,pic.Width,pic.Height);
            }

            double l=rg/2-(rg/180*gnssdata.ELE);
            double ang=90.0-gnssdata.AZI;
            ang=ang/180.0*Math.PI;

            float x=x0+rg/2+(int)Math.Round(Math.Cos(ang)*l);
            float y=y0+30+rg/2-(int)Math.Round(Math.Sin(ang)*l);

            StringFormat sFormat=new StringFormat();
            RectangleF NewpicuSize=new RectangleF(x-12f,y-12f,24f,24f);
            //图标大小
            gra.DrawImage(pic,NewpicuSize,picSize,GraphicsUnit.Pixel);
            //绘制图标
            gra.DrawString(gmod,new Font("宋体",10,FontStyle.Bold),
new Pen(Color.Yellow).Brush, x-5, y-7, sFormat);      //绘制卫星编号
        }

        private void drawbackpicture(ref Graphics g,PictureBox pbx)
        {
            g.Clear(Color.Silver);                        //用背景色刷新
            g.SmoothingMode=System.Drawing.Drawing2D.SmoothingMode.
AntiAlias;  //设置此 Graphics 的呈现质量
            Pen penBlack=new Pen(Color.White,2);      //圆的线颜色
```

```
        Pen pb=new Pen(Color.Yellow,1);      //圆底图的颜色

        Brush p_pb=pb.Brush;                  //画刷
        int x0=pbx.Width/4;                   //外部圆的 X 坐标
        int y0=pbx.Height/20;                 //外部圆的 Y 坐标
        int rg=pbx.Height/5*3 + 20;           //外部圆的直径

         Bitmap picearth= new Bitmap(Application.StartupPath.Substring(0,
Application.StartupPath.LastIndexOf("\\"))+"\\Image"+"\\earth.png");

        Rectangle picearthSize=new Rectangle(0,0,picearth.Width,
picearth.Height);  //图标的大小
        RectangleF NewpicearthSize= new RectangleF(x0,y0+40,rg,rg);
        //图像要绘制的位置
         g.DrawImage(picearth,NewpicearthSize,picearthSize,GraphicsUnit.
Pixel);
        //绘制地球图标
        g.DrawEllipse(penBlack,x0,y0+40,rg,rg);
        //绘制外部圆
        g.DrawEllipse(penBlack,x0+rg/6,y0+40+rg/6,rg/6*4,rg/6*4);
        //绘制中部的圆
        g.DrawEllipse(penBlack,x0+rg/3,y0+40+rg/3,rg/3,rg/3);
        //绘制内部圆
        g.DrawLine(penBlack,x0,y0+40+rg/2,x0+rg,y0+40+rg/2);
        //绘制十字丝
        g.DrawLine(penBlack,x0+rg/2,y0+40,x0+rg/2,y0+40+rg);
        //绘制十字丝

        //绘制"N""S""E""W"和度数
        StringFormat sFormat= new StringFormat();

        float centerXF= x0+rg/2;
        float centerYF= y0+30+rg/2;

        //绘制"N""S""E""W"等字符
        using (Font drawfont=new Font("Tahoma",13F,FontStyle.Regular))
        {
            using (Brush drawbrush=new SolidBrush(Color.White))
            {
                sFormat.LineAlignment=StringAlignment.Near;
                sFormat.Alignment=StringAlignment.Center;
                g.DrawString("N",drawfont,drawbrush,centerXF,y0+40-23F,
sFormat);

                sFormat.LineAlignment=StringAlignment.Far;
                sFormat.Alignment=StringAlignment.Center;
```

```
                g.DrawString("S",drawfont,drawbrush,centerXF,centerYF+rg/2+
35f,sFormat);

                sFormat.LineAlignment=StringAlignment.Center;
                sFormat.Alignment=StringAlignment.Far;
                g.DrawString("E",drawfont,drawbrush,x0+rg+20f,centerYF+
11F,sFormat);

                sFormat.LineAlignment=StringAlignment.Center;
                sFormat.Alignment=StringAlignment.Near;
                g.DrawString("W",drawfont,drawbrush,x0-23f,centerYF+11,
sFormat);
            }
        }

        //绘制度数
        using (Font drawfont=new Font("Tahoma",11F,FontStyle.Regular))
        {
            using (Brush drawbrush=new SolidBrush(Color.Red))
            {
                sFormat.LineAlignment=StringAlignment.Near;
                sFormat.Alignment=StringAlignment.Center;
                g.DrawString("30°",drawfont,drawbrush,centerXF+4,centerYF+
10-rg/3,sFormat);

                sFormat.LineAlignment= StringAlignment.Near;
                sFormat.Alignment=StringAlignment.Center;
                g.DrawString("60°",drawfont,drawbrush,centerXF+4,centerYF+
10-rg/6,sFormat);

                sFormat.LineAlignment=StringAlignment.Near;
                sFormat.Alignment=StringAlignment.Center;
                g.DrawString("90°",drawfont,drawbrush,centerXF+4,centerYF+
10,sFormat);
            }
        }

        Font f=new Font("宋体",12,FontStyle.Bold);//定义字体
        //绘制标记
        g.DrawString("HDOP:",f,new Pen(Color.Black).Brush,10,y0+rg+70);
        g.DrawString("VDOP:",f,new Pen(Color.Black).Brush,130,y0+rg+70);
        g.DrawString("PDOP:",f,new Pen(Color.Black).Brush,240,y0+rg+70);
        g.DrawString("BDS",f,new Pen(Color.Red).Brush,35,y0-5);
        g.DrawString("GPS",f,new Pen(Color.Blue).Brush,145,y0-5);
        g.DrawString("GLONASS",f,new Pen(Color.Yellow).Brush,255,y0-5);

        //绘制 GPS 卫星图标
        Bitmap picu=new Bitmap(Application.StartupPath.Substring(0,
```

```
Application.StartupPath.LastIndexOf(@"\"))+"\\Image"+"\\picu.png");
            Rectangle picuSize=new Rectangle(0,0,picu.Width,picu.Height);
            int picX=120;        //GPS 卫星图标的 X 坐标
            int picY=y0-10;      //GPS 卫星图标的 Y 坐标
            //GPS 图标大小
            RectangleF NewpicuSize=new RectangleF(picX,picY,25f,25f);
            //绘制图标
            g.DrawImage(picu,NewpicuSize,picuSize,GraphicsUnit.Pixel);

            //绘制 BDS 卫星图标
           Bitmap picc=new Bitmap(Application.StartupPath.Substring(0,
Application.StartupPath.LastIndexOf(@"\"))+"\\Image"+"\\picc.png");
            Rectangle piccSize=new Rectangle(0,0,picc.Width,picc.Height);
            int picX1=10;        //BDS 卫星图标的 X 坐标
            int picY1=y0-10;     //BDS 卫星图标的 Y 坐标
            //BDS 图标大小
            RectangleF NewpiccSize=new RectangleF(picX1,picY1,25f,25f);
            g.DrawImage(picc,NewpiccSize,piccSize,GraphicsUnit.Pixel);
            //绘制图标

            //绘制 GLONASS 卫星图标
           Bitmap picr=new Bitmap(Application.StartupPath.Substring(0,
Application.StartupPath.LastIndexOf(@"\"))+"\\Image"+"\\picr.png");
            Rectangle picrSize=new Rectangle(0,0,picr.Width,picr.Height);
            int picX2=230;       //GLONASS 卫星图标的 X 坐标
            int picY2=y0-10;     //GLONASS 卫星图标的 Y 坐标
            //GLONASS 图标大小
            RectangleF NewpicrSize=new RectangleF(picX2,picY2,25f,25f);
            g.DrawImage(picr,NewpicrSize,picrSize,GraphicsUnit.Pixel);
            //绘制图标
        }

        private void btn_show_Click(object sender,EventArgs e)
        {
            GNSSdate gdate=new GNSSdate();
            if (tvw_show.Nodes[0].Nodes[0].IsSelected)
            {
                gdate.HDOP=0.45f;
                gdate.VDOP=0.38f;
                gdate.PDOP=0.45f;
                gdate.ELE=45;
                gdate.AZI=60;
                gdate.MOD="B";
            }
            else if (tvw_show.Nodes[0].Nodes[1].IsSelected)
            {
                gdate.HDOP=0.68f;
```

```
            gdate.VDOP=0.79f;
            gdate.PDOP=0.84f;
            gdate.ELE=38;
            gdate.AZI=110;
            gdate.MOD="G";
        }
        else
        {
            gdate.HDOP=1.68f;
            gdate.VDOP=1.09f;
            gdate.PDOP=1.24f;
            gdate.ELE=140;
            gdate.AZI=60;
            gdate.MOD="R";
        }

        Graphics gra=pbx_show.CreateGraphics();
        drawbackpicture(ref gra,pbx_show);
        drawsatellite(ref gra,pbx_show,gdate);
    }

    private void Frm_Main_Load(object sender,EventArgs e)
    {
        tvw_show.ExpandAll();
    }
  }
}
```

习题九

一、选择题

1.要设置 Pen 对象绘制线条的宽度，应该使用它的______属性。

A.Color B.Width C.DashStyle D.PenType

2.在 GDI+的所有类中，________类是核心，在绘制任何图形之前，一定要先用它创建一个对象。

A.Graphics B.Pen C.Brush D.Font

3.画圆应使用 Graphics 对象的______方法。

A.DrawLine B.DrawRectangle C.DrawEllipse D.DrawPolygon

4.使用 Graphics 对象绘制矩形的格式正确的是______。

A.public void DrawRectangle(Pen pen,int width,int height,int x1,int y1);

B.public void DrawEllipse(Pen pen,int width,int height,int x1,int y1);

C.public void DrawEllipse(Pen pen,int x1,int y1,int width,int height);

D.public void DrawRectangle(Pen pen,int x1,int y1,int width,int height);

5.Point p1=new Point(30,this.ClientSize.Height−100)中"this.ClientSize.Height−100"的含义是______。

A.窗体高度−100　B.X 轴坐标−100　C.Y 轴坐标−100　D.窗体宽度−100

二、简答题

1.简述利用 GDI 绘制图形的基本步骤。

2.简述 C#绘图中的坐标系是如何定义的。

三、编程题

编写"坐标反算"Windows 窗体应用程序,输入两点的空间直角坐标,计算两点之间的距离和方位角,并绘制、显示点位图形,程序运行界面如图 9.2 所示。

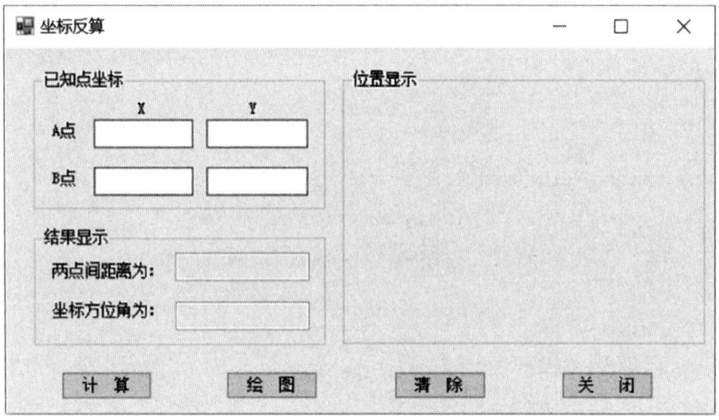

图 9.2 "坐标反算"程序运行界面

第 10 章　程序错误和程序异常处理

程序设计过程中，会不可避免地出现各种各样的错误，Visual Studio 中可以采用以下两种方法予以解决：①使用 C# 的调试工具找出其中的错误并进行改正；②在程序中加入异常处理语句，使程序具有容错功能。

10.1　程序错误

C# 程序设计中的错误大致可分为语法错误和运行错误两种类型，具体如下。

10.1.1　语法错误

语法错误又称编译错误，是由于代码编写不正确而产生的。比如，错误地输入了相关符号（例如将“;” 写成了“;”）、遗漏了某些必要的语句成分等。C# 在编译应用程序时就会检测到这些错误，并提示相应的错误信息。

为了避免一些语法错误的产生，可以设置 C#“文本编辑器”的一些特定功能，具体操作过程为：选择“工具(T)”菜单→“选项”命令，在出现的“选项”对话框中选择“文本编辑器”→“C#”→“常规”选项，出现如图 10.1 所示的对话框。此时，可以选择 C# 的编辑选项，设置相关的编辑功能。例如，勾选“行号”后，代码的每一行前会显示该行的行号。

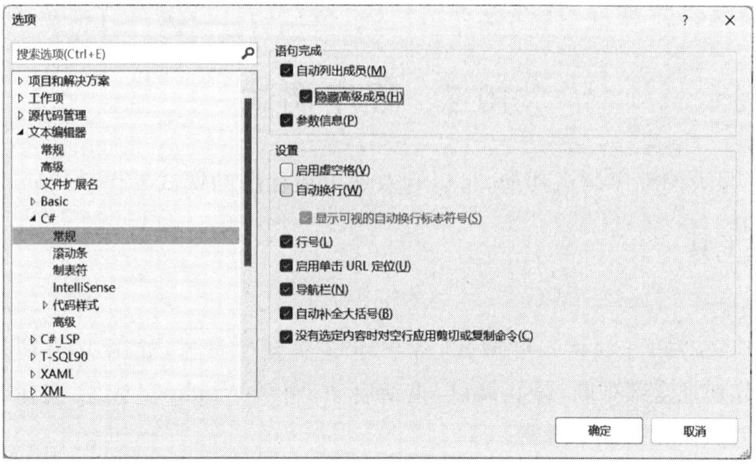

图 10.1　C#“文本编辑器”功能选项

10.1.2　运行错误

C# 程序运行期间，当一个语句试图执行一个不能执行的操作时，就会发生运行错误，如数据溢出、数据下标越界等。

例如，有一个窗体 Form1 上的控件 button1 包含以下事件过程。

```
private void button1_Click(object sender,EventArgs e)
{
    int[] a=new int[5];
    int i;
    for(i=0;i<=8;i++)
    {
        a[i]=i*i;
    }
}
```

当运行该窗体，单击 button1 时，就会出现如图 10.2 所示的编译错误提示框。此时，代码编辑窗口中会出现错误的代码行。可以单击工具栏上的“停止调试”按钮，返回正常编辑状态并修改程序代码。

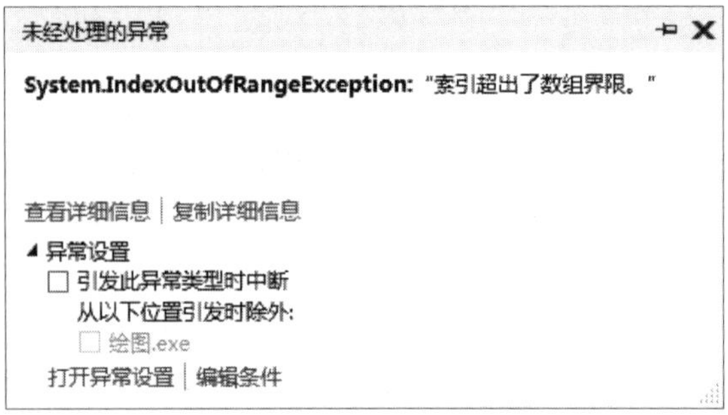

图 10.2　编译错误提示框

此外，还有一种从语法方面看所有程序代码都是无误的，但运行结果不正确的错误。这类错误往往属于算法错误，需要验证算法并结合 C# 相关调试工具进行仔细检查。

10.2　程序调试

C# 提供了强大的程序调试功能，可以有效地完成程序的调试工作。

10.2.1　调试工具

1.调试工具栏

选择“视图(V)”→“工具栏”→“调试”命令，出现调试工具栏，如图 10.3 所示。从左到右，各按钮的功能分别是全部中断、停止调试、重新启动、刷新 Windows 应用、显示下一语句、逐语句、逐过程、跳出和在源中显示线程。

图 10.3　调试工具栏

2.“调试(D)”菜单

“调试(D)”菜单中的各菜单项比调试工具栏功能更加全面，适用于各种程序错误的调试。

10.2.2 开始调试

从“调试(D)”菜单中选择“启动调试”“逐语句”或“逐过程”命令，或者在代码编辑窗口中单击鼠标右键，从弹出的快捷菜单中选择“运行到光标处”命令，即开始调试过程。

如果选择“启动调试”命令，则应用程序启动并一直运行到断点。可以在任何时刻中断执行，进而检查值或程序状态。

选择“逐语句”或“逐过程”命令，应用程序启动并执行，在第一行中断。

如果选择“运行到光标处”命令，则应用程序启动并一直运行到断点或光标位置，具体看是断点在前还是光标在前，也可以在源窗口中设置光标位置。如果不出现中断，就意味着执行始终未到达设置光标的代码处。

10.2.3 设置断点

断点是在程序中设置的一个位置，程序执行到该位置时中断(或暂停)。断点的作用是调试程序时，当执行到设置断点的语句，程序会暂停运行，供程序开发人员检查这一位置上程序的运行情况。断点有助于定位产生错误输出或出错的代码段。

设置的方法为：用鼠标右键单击某行代码，从弹出的快捷菜单中选择“断点”→“插入断点”命令，插入断点；选择“断点”→“删除断点”命令，取消断点。

设置了断点的代码行最左端会出现一个红色的圆点，并且该代码行呈现颜色背景。如图 10.4 所示，第 36 行处设有一个断点。一个程序中允许设置多个断点。

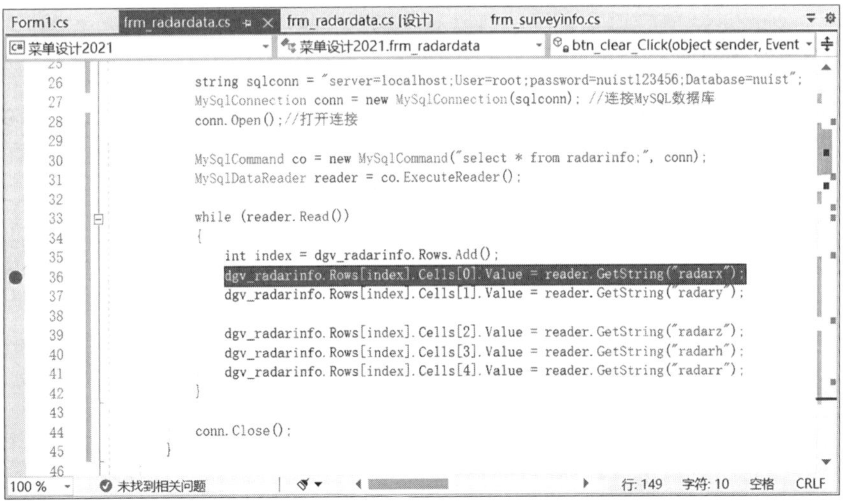

图 10.4 程序断点

10.2.4 定位错误

当某行代码中出现错误时，程序会自动将错误添加到“错误列表”窗口(图 10.5)和“输出”窗口中。双击“错误列表”或“输出”窗口中的项，光标会自动跳转到代码编辑窗口中相应的错误行；将鼠标悬停在带有波浪线标记的代码上，即可显示错误的描述，如图 10.6 所示。

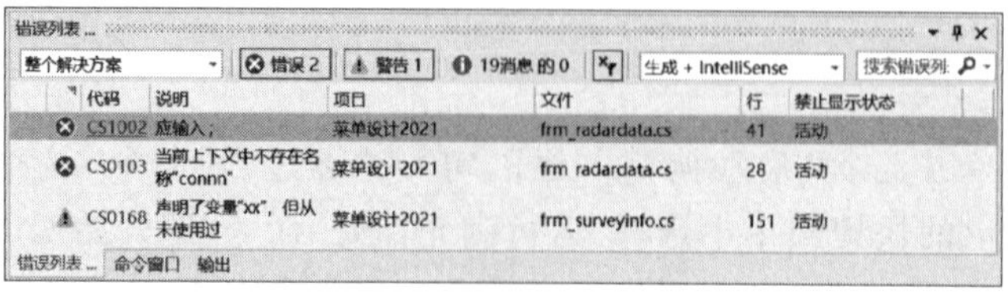

图 10.5 “错误列表”窗口

图 10.6 错误描述

10.2.5 调试过程

先在某行设置断点，然后在调试器中按 F5 键运行程序，应用程序会在断点行停止。此时可以检查任一给定变量的值，或观察执行跳出循环的时间和方式，按 F10 键逐行单步执行代码。

10.2.6 显示调试信息

C#程序中断的情况下，将鼠标放在希望观察的执行语句变量上，调试器会自动显示执行到断点时该变量的值，如图 10.7 所示。也可以在某个对象上单击鼠标右键，在弹出的菜单中选择“快速监视”命令，如图 10.8 所示，观察到对象中各个元素的值。

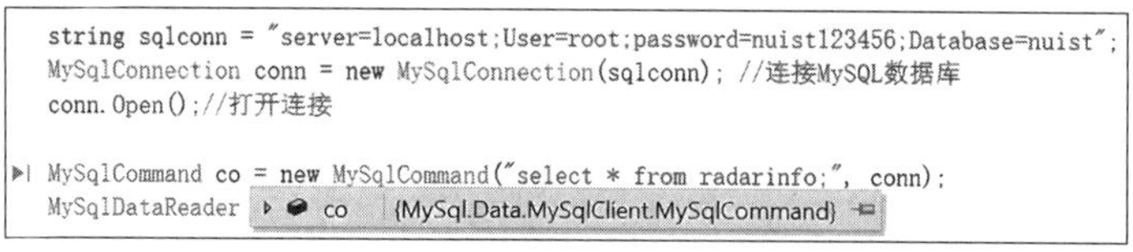

图 10.7 显示变量的值

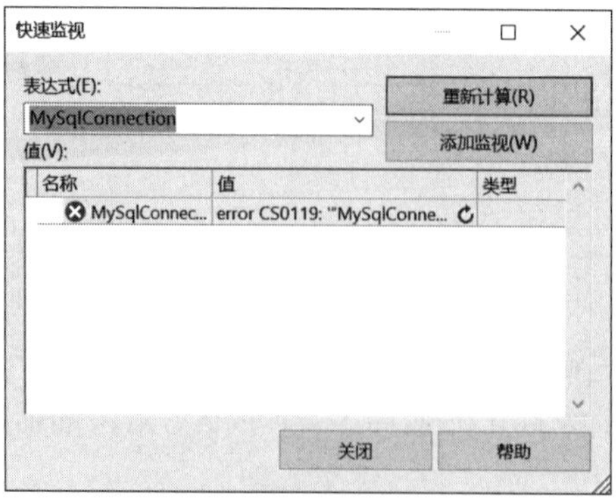

图 10.8 “快速监视”对话框

10.2.7　逐句执行

逐句执行是指一次仅执行一条语句代码。每执行一条语句后，可以通过应用程序的代码编辑窗口或调试窗口查看执行的效果。可以用以下两种方式实现逐句执行操作。

(1)从“调试(D)”菜单选择“逐语句”命令。

(2)按 F11 键。

当逐句执行整个代码时，程序会暂时切换到当前语句，并前进到下一条语句，然后再切换到中断模式。

10.3　程序异常

程序异常是指程序运行期间发生的错误或意外情况。如果程序异常没有及时得到处理，那么程序就会停止运行，并显示一条错误信息。因此，对程序异常及时进行处理非常重要。一般情况下，一个比较完整的程序应尽可能考虑可能出现的各种异常。这样，当异常发生时，控制流会立即跳转到关联的异常处理语句。

10.3.1　程序异常处理语句

程序中会不可避免地存在一些无法预知的反常情况，这种反常情况称为异常。为了处理程序执行期间可能出现的异常，C＃提供了 try…catch 语句、try…catch…finally 语句、throw 语句来处理程序异常。这三种语句又可细分为 try 语句块、catch 语句块、finally 语句块、throw 语句块。其中，try 语句块用于执行可能导致异常的操作；catch 语句块用于定义异常处理程序；finally 语句块用于在引发异常时释放资源；throw 语句块用于显式地引发的异常。

1.try…catch 语句

throw 语句块只是抛出异常，对于异常的处理需要使用 try…catch 语句。try…catch 语句由一个 try 语句块后跟一个或多个 catch 语句块构成，执行时首先尝试运行 try 语句块，若引发异常则执行 catch 语句块，若没有引发异常则正常完成。多个 catch 语句块指定不同的异常处理程序，其流程如图 10.9 所示。

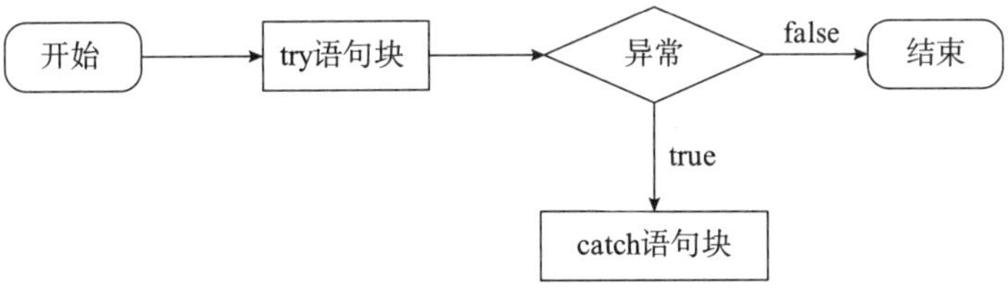

图 10.9　try…catch 语句流程

try…catch 语句开始后先执行 try 语句块，如果没有异常，则结束；如果有异常发生，则执行 catch 语句块并结束。try…catch 语句的语法格式如下。

```
try
{
    语句块;
```

```
}
catch()
{
    语句块;
}
catch()
{
    语句块;
}
```

其中,try与catch后的"{}"不需要加分号,catch语句块使用时可以不带任何参数,这种情况下它捕获任何类型的异常,并被称为一般catch语句块。如果try语句块后只有一个catch语句块,则catch后的"()"可以省略。

例如:

```
string name=null;
try
{
    if(name==null)
    {
        throw(new System.Exception());
    }
}
catch
{
    Console.Write("The name is null");
}
```

catch语句块还可以接收从System.Exception派生的对象参数,用于处理特定的异常。

例如:

```
string name=null;
try
{
    if(name==null)
    {
        throw(new System.Exception());
    }
}
catch(Exception e)
{
    Console.Write(e);
}
```

在同一个try…catch语句中可以使用一个以上的特定catch语句块,此时按顺序检查catch语句块并执行,因此catch语句块的顺序显得尤为重要。

例如:

```
string name=null;
try
{
    if(name==null)
    {
        throw(new System.Exception());
    }
}
catch(ArgumentNullException e)
{
    Console.WriteLine("first{0}",e);
}
catch(Exception e)
{
    Console.WriteLine("second{0}",e);
}
```

2.try…catch…finally 语句

finally 语句块用于清除 try 语句块中分配的所有资源和在 try 语句块结束时必须执行的代码。finally 语句块放在 catch 语句块之后，程序流程总是传递给 finally 语句块，与 try 语句块无关，其流程如图 10.10 所示。

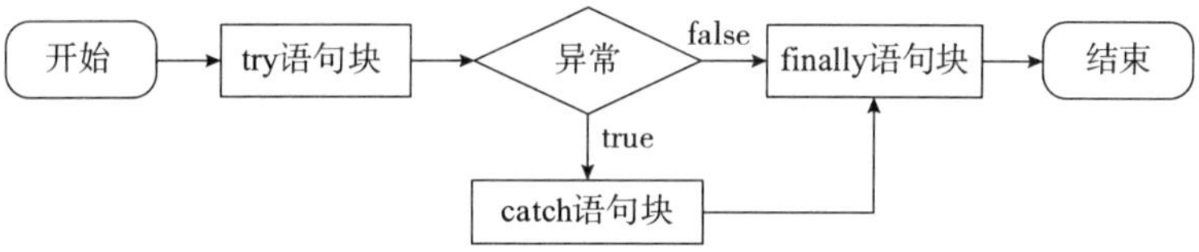

图 10.10　try…catch…finally 语句流程

程序进入 try 语句块后，如果没有引发异常，则执行 finally 语句块并结束；如果引发异常，则进行 catch 语句块，接着执行 finally 语句块并结束。其语法格式如下。

```
try
{
    语句块;
}
catch()
{
    语句块;
}
finally()
{
    语句块;
}
```

try…catch…finally 语句的常用方式是在 try 语句块中获取并使用资源，在 catch 语句块中处理异常，在 finally 语句中释放资源。此外，也可以省略 catch 语句块，直接使用 try…

finally语句。

定义除数变量 *dividenum* 和被除数变量 *num*，两个变量都不能为 0，默认 *num* 为 6，*dividenum* 为 2，求两个数的商，程序代码如下。

```
int num=0;
int dividenum=0;
try
{
    if(num==0||dividenum==0)
    {
        throw new Exception();
    }
}
catch
{
    num=6;
    dividenum=2;
}
finally
{
    num=num/dividenum;
}
Console.Write(num);
```

本例的输出结果为 3。

从该例中可以看出，程序从 try 语句开始执行，引发异常后由 catch 捕获并处理，之后执行 finally 语句。

3.throw 语句

throw 语句用于抛出程序执行期间出现异常的信号，通常与 try…catch 语句或 try…catch…finally 语句结合使用。当异常发生时，程序查找处理此异常的 catch 语句块，也可以用 throw 语句重新引发已捕获的异常。

throw 语句有如下两种使用方法。

(1)直接抛出异常。

(2)出现异常时，通过 catch 语句块对其进行处理并使用 throw 语句重新将这个异常抛出，对调用这个方法的程序进行捕捉和处理。

定义变量 *name* 表示用户名，*name* 不能为空，在使用前必须赋值。为了确保 *name* 不为空，需使用以下语句。

```
string name=null;
if(name==null)
{
    throw(new System.Exception());
}
Console.Write("The name is null");
```

执行语句将引发异常，如果没有 if 语句块，程序将输出“The name is null”；有了 throw 语句块，程序会中断并提示异常。

10.3.2　常用的 C♯程序异常类

常用的 C♯程序异常类均包含在 System 命名空间中，主要有 Exception 类(所有异常类的基类)、DivideByZeroException 类(当试图用整数类型数据除以 0 时抛出)和 OutofMemoryException类(当用 new 分配内存失败时抛出)等。

程序异常类的公共属性及说明如表 10.1 所示，通过这些属性可以获取错误信息等。

表 10.1　程序异常类的公共属性及说明

属性	说明
Data	获取一个提供用户定义的其他异常信息的键或值的集合
HelpLink	获取或设置指向当前异常所关联的帮助文件的链接
InnerException	获取导致当前异常的 Exception 实例
Message	获取描述当前异常的消息
Source	获取或设置导致错误的应用程序或对象的名称
StackTrace	获取当前异常发生时调用堆栈上的帧的字符串表示形式
TargetSite	获取引发当前异常的方法

习题十

一、选择题

1.异常是在______时发生的。

A.编写程序　B.编译程序　C.程序运行　D.最终用户发出请求

2.在程序中设置断点，是为了______。

A.定位程序入口点　B.定位程序结束点　C.发布程序　D.调试程序

3.程序运行过程中发生的错误，称为______。

A.版本　B.断点　C.异常　D.属性

4.程序运行可能会出现两种错误：可预料的错误和不可预料的错误。对于不可预料的错误，可以通过 C♯提供的______方法来进行处理。

A.中断调试　B.逻辑判断　C.跳过异常　D.异常处理

5.C♯中用于抛出异常的关键字是______。

A.try　B.catch　C.throw　D.finally

二、简答题

1.简述程序调试中断点的作用。

2.简述程序调试中如何定位错误作用。

3.简述程序调试中逐句执行的优点。

第 11 章　数据库应用

测量相关数据是测绘工作的核心。当前，测绘相关的数据十分庞大。如何对庞大的数据进行有效的管理，并保证测绘成果的质量，显得尤为重要。

.NET 将 Windows 操作系统的各种先进特征与强大的数据库管理功能有机地结合在一起，具有强大的数据管理与处理能力。C＃对数据的访问是通过.NET Framework 中的 ADO.NET (ActiveX Data Objects)实现的。

11.1　数据库概述

数据库是长期存储在计算机内的、有组织的、可共享的、统一管理的数据集合，也是一个按数据结构来存储和管理数据的计算机软件系统。数据库包含保管数据的仓库及管理数据的方法和技术两层含义。

数据库采用特定的数据类型，具有较高的数据独立性和统一的数据控制功能，能够实现数据共享，减少数据冗余。

11.1.1　数据库系统

数据库系统提供了一种将信息集合在一起的方法，其主要由数据库管理系统、数据库和数据库应用程序三部分组成。

1.数据库管理系统

数据库管理系统是一种操纵和管理数据库的大型软件，是数据库系统的核心，主要用于建立、使用和维护数据库。

不同的数据库管理系统采用不同的数据模型对数据进行统一的组织和管理。常用的数据模型有层次模型、网状模型和关系模型三种。目前，常见的数据库管理系统 MySQL、Access、SQL Server、Oracle 等都是关系型数据库管理系统。

2.数据库

数据库是长期存储在计算机中的、有结构的、大量的、共享的数据集合。在数据库中，所有数据被独立出来集中管理，按数据本身的内在联系组织、存放和管理，可以供各种用户共享，具有较小冗余度和较高的数据独立性。

目前，按照关系模型建立的关系数据库应用最为广泛。

3.数据库应用程序

数据库应用程序是基于数据库、针对某一具体应用开发的应用程序，其按照数据库方法对数据进行集中存储、管理、获取、显示和更新，并向应用系统提供数据支持。

C＃中，通过 ADO.NET 中提供的数据访问类，用户可以在程序中浏览、编辑数据库中的各种数据。

ADO.NET 不仅为用户数据库提供了一个面向对象的视点，并且其是独立于任何单一的数据库开发商的。也就是说，用户可以使用ADO.NET开发出面向各种不同数据库系统中使用的应用程序。

11.1.2　关系型数据库

以关系模型为基础建立的数据库就是关系型数据库，其以表(即关系)的形式组织数据。关系型数据库中，用户可以不关心数据的存储结构。此外，用户可以使用结构化查询语句(structure query language，SQL)等实现数据库的查询、更新、删除等操作，大大提高了数据管理效率。

1.表

表是关系型数据库的基本元素。它以行列方式组织、存储数据，也可以使用结构化查询语句(SQL)，从中获取、修改和删除数据。表11.1是一个项目信息表，从中可以看出，表是二维结构，其行、列顺序并不影响表的内容。

表11.1　项目信息表

pro_no	pro_name	pro_starttime	pro_endtime	pro_manger	pro_tech
ds001	四等水准测量	2018-10-02	2018-12-23	张三	李四
dj002	二级导线测量	2017-05-23	2018-01-12	王华	李兵
dg001	GPS控制测量	2017-06-23	2017-10-11	马奇	孙伟
dj003	竣工测量	2018-05-21	2018-06-25	张军	李华

2.记录

表中的每一行都称为一条记录。表11.1中，每一行代表一个测绘工程项目，称为一条记录。

3.属性

表中的列称为属性，每一列都有一个属性名。一个属性称为一个字段，每个字段有一个字段名。表11.1中，“pro_no”“pro_name”等均为字段。

4.关系

一个二维表叫作一个关系，每个关系有一个关系名。

11.1.3　MySQL

1.MySQL简介

MySQL是一个小型关系型数据库管理系统。与SQL Server、Oracle等大型数据库管理系统相比，MySQL具有体积小、速度快、成本低的优势，其提供的功能完全能够满足稍微复杂的应用需求，这也使得MySQL成为世界上最受欢迎的开源代码数据库之一。本章的数据库基于MySQL8.0进行操作。

利用C#编写程序调用MySQL数据库时，需要安装MySQL软件和相应的MySQL Connector/NET(可以在https://dev.mysql.com/下载)，并引用MySql.Data。

2.MySQL数据库基本操作

MySQL安装完成后，其data文件夹目录下会自动创建information_schema、mysql、performance_schema、sys等必需的数据库。MySQL数据库的基本操作如下。

(1)创建数据库。

创建数据库是在系统磁盘中划分一块区域用于数据存储和管理。MySQL 中 Create 语句用于创建数据库,其语法格式如下。

Create database data_name;

其中,“data_name”表示要创建的数据库名称,它不能与已经存在的数据库重名。

例如:

```
Create database nuist;    //创建 nuist 数据库
```

(2)删除数据库。

Drop 语句用于删除数据库,其语法格式如下。

Drop database data_name;

其中,“data_name”表示要删除的数据库名称。

删除数据库是将已经存在的数据库从磁盘空间清除,此时数据库中的所有数据也将一同被清除。

例如:

```
Drop database nuist;    //删除 nuist 数据库
```

(3)创建数据表(DataTable)。

创建数据表是在已经建好的数据库中建立新表,这实际上也是规定数据列属性的过程。创建数据表的语句为 Create Table 语句,其语法格式如下。

Create Table table_name

(

  字段名 1,数据类型[列级别约束条件][默认值],

  字段名 2,数据类型[列级别约束条件][默认值],

  ……

  [**表级别约束条件**]

);

使用 Create Table 创建数据表时,必须指定以下信息:①要创建的表名,不区分大小写,不能使用 Drop、Insert 等 SQL 语言中的关键字;②表中每一列(字段)的名称和数据类型,如果创建多列,需要用逗号隔开。

例如,在 nuist 数据库中创建 radarinfo 数据表,具体语句如下。

```
Create Table radarinfo          //创建 radarinfo 数据表
(
   radarx,int(10),
   radary,int(10),
   radarz,int(10),
   radarh,int(10),
   radarr,int(10),
);
```

(4)删除数据表。

删除数据表就是将数据库中已经存在的数据表从数据库中删除。删除数据表时,数据表中的所有数据也会被同时删除。因此，删除操作前，最好对数据表中的数据做一个备份，以免造成无法挽回的后果。

MySQL 中，使用 Drop Table 语句可以一次删除一个或多个没有被其他数据表关联的数据表，语法格式如下。

Drop Table (if exist) 表 1, 表 2, …, 表 n;

其中，"表 n"指要删除的表名。Drop Table 语句可以同时删除多个数据表，因此后面的表名也可以有多个。如果要删除的数据表不存在，则 MySQL 会提示一条错误信息。参数"if exist"用于执行删除操作前判断要删除的数据表是否存在，加上该参数后，如果被删除的数据表不存在，语句会继续执行，并发出警告。

例如，删除 nuist 数据库中的 radarinfo 数据表，具体语句如下。

```
Drop Table radarinfo;   //删除 radarinfo 数据表
```

11.1.4 Navicat Premium

Navicat Premium 是一个可多重连接的数据库管理工具，支持快速地在各种数据库系统间传输数据，传输指定 SQL 格式以及编码的纯文本文件。Navicat Premium 可以方便用户以单一程序同时连接到 MySQL、Oracle、PostgreSQL、SQLite 及 SQL Server 数据库，使得管理不同类型的数据库变得更加方便。为了便于对 MySQL 进行操作，本章选择 Navicat Premium 进行辅助。

Navicat Premium 用户主界面由主工具栏、选项卡栏、对象工具栏、导航窗格、对象窗格和信息窗格组成(图 11.1)，方便用户创建、连接数据库对象，以及使用高级工具。

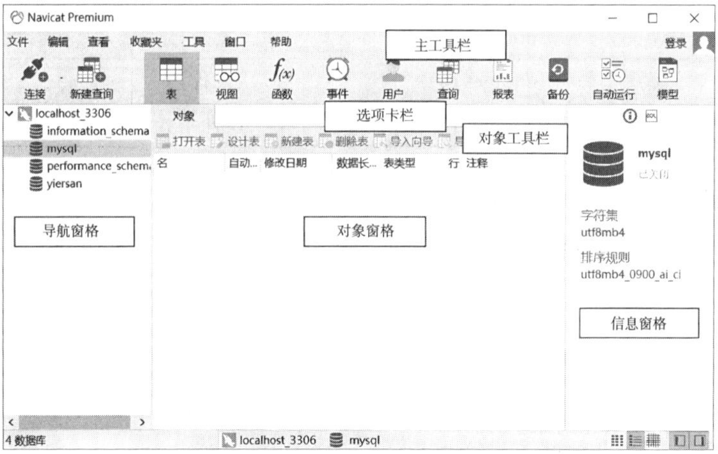

图 11.1 Navicat Premium 用户主界面

【例 11.1】利用 Navicat Premium 建立名为 nuist 的 MySQL 数据库。nuist 数据库含有 prjinfo、obsinfo 和 radarinfo 三个数据表，表的字段信息分别如表 11.2、表 11.3、表 11.4 所示。

表 11.2 prjinfo 表字段信息

字段	类型	描述
prjname	Varchar(50)	项目名称

续表

字段	类型	描述
prjfrom	Varchar(50)	项目来源
prjstarttime	date	项目开始时间
prjendtime	date	项目结束时间
prjmanager	Varchar(10)	项目经理

表 11.3　obsinfo 表字段信息

字段	类型	描述	小数位数
obschar	Varchar(10)	障碍物类别	无
obsx	double(15)	X 坐标	3
obsy	double(15)	Y 坐标	3
obsz	double(15)	Z 坐标	3
obsneang	double(15)	子午收敛角	3
obsradarang	double(15)	遮蔽角	3

表 11.4　radarinfo 表字段信息

字段	类型	描述	小数位数
radarx	double(15)	X 坐标	3
radary	double(15)	Y 坐标	3
radarz	double(15)	Z 坐标	3
radarh	double(15)	设计高	3
radarr	double(15)	设计半径	3

建立 nuist 数据库的具体步骤如下。

打开 Navicat Premium，进入软件主界面。在导航窗格中的“localhost_3306”处单击鼠标右键，弹出如图 11.2 所示的快捷菜单。

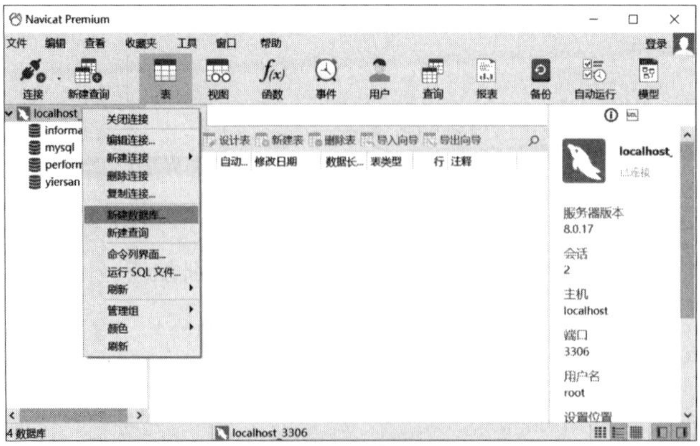

图 11.2　数据库相关快捷菜单

在快捷菜单中，选择“新建数据库”选项，进入“新建数据库”对话框，如图 11.3 所示。

图 11.3　“新建数据库”对话框

将数据库命名为“nuist”，单击“确定”按钮，即可完成数据库的建立。此时，nuist 数据库已经显示在导航窗格中，如图 11.4 所示。

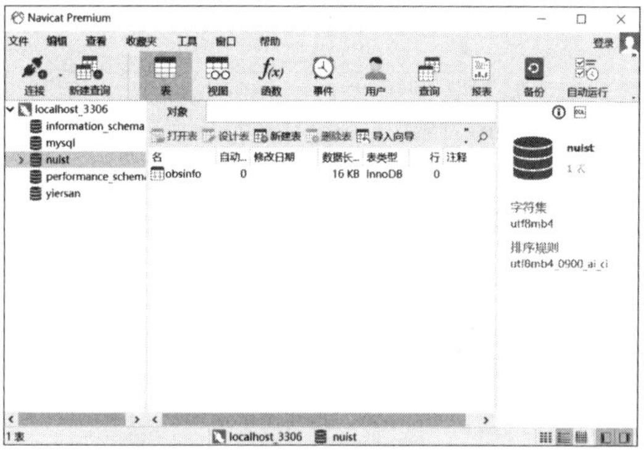

图 11.4　完成 nuist 数据库的建立

下面，完成 nuist 数据库中数据表的建立。

在导航窗格中，单击“nuist”，此时“nuist”变为绿色，表明以下所有的操作都是对 nuist 数据库进行的。

单击“nuist”前的展开标记，显示 nuist 数据库所包含的“表”“视图”“函数”“事件”等全部内容，如图 11.5 所示。

图 11.5　nuist 数据库内容显示

鼠标右键单击 nuist 数据库下的“表”，弹出如图 11.6 所示的快捷菜单。

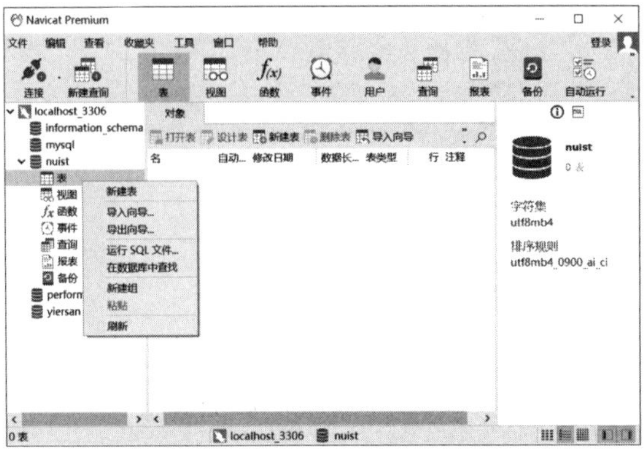

图 11.6 “表”相关快捷菜单

单击“新建表”，此时对象窗格中显示“字段”编辑页面，如图 11.7 所示。在页面中，输入“字段名”“类型”等信息。一个字段输入完成后，单击“添加字段”，进行下一个字段的设计。

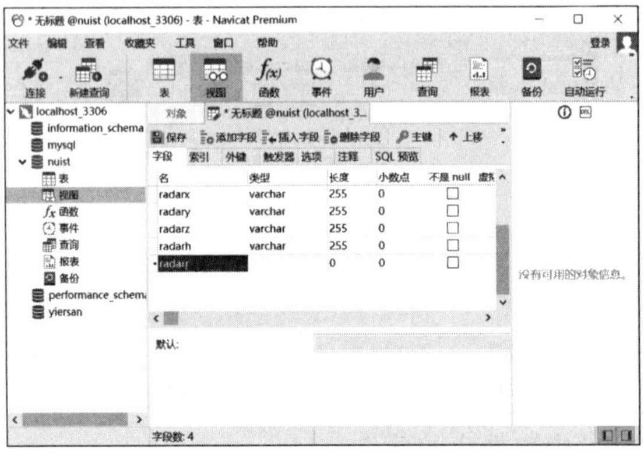

图 11.7 “字段”编辑页面

所有字段设计完成后，单击“保存”按钮，在弹出的对话框中输入表名，单击“确定”按钮，即可完成数据表的建立。

其他数据表的建立参照以上步骤完成。数据表建立完成后，会显示在对象窗格中，如图 11.8 所示。

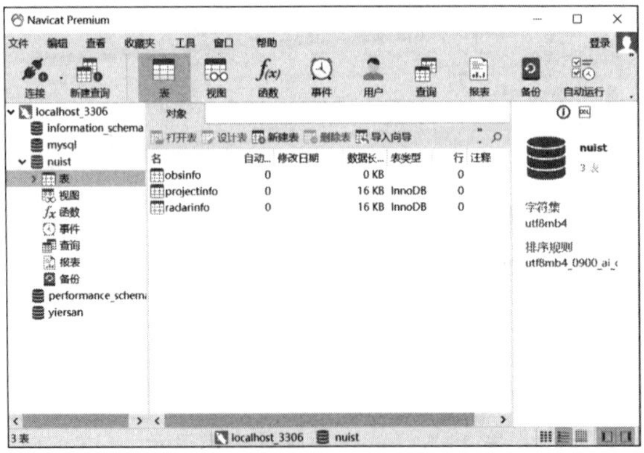

图 11.8 nuist 数据库的“表”

11.2　结构化查询语句

结构化查询语句(SQL)是关系型数据库管理系统广泛采用的数据库语言。SQL 简洁直观,往往一条语句可以取代常规程序中的一段语句,且维护相对简单。

通过 SQL 可以方便地访问数据库中的数据,以及对数据库进行数据查询、插入、删除、更新等操作。

常用的数据库操作语句如下。

1.Select 语句

Select 语句用于从数据表中获取满足某一条件的数据集。

例如:

```
select* from project; //从 project 表中选择所有字段的记录
select pro_name from project; //从 project 表中选择 pro_name 字段的所有记录
//从 project 表中选择项目号为 dj002 的所有记录
select* from project where pro_no=dj002;
```

2.Insert 语句

Insert 语句用于向数据表中插入一条新的记录。

例如:

```
//向 project 表中插入一条新的记录
Insert project(pro_no, pro_name, pro_starttime, pro_endtime, pro_manger,
pro_tech) Value(ds002, "二等水准测量", 2018-07-02, 2018-12-25, "张三", "李华")
```

3.Update 语句

Update 语句用于更新数据表中的记录。

例如:

```
//更新 project 表中项目号为 ds002 的项目名称为"三等水准测量"
Update project Set pro_name="三等水准测量" where pro_no=ds002
```

4.Delete 语句

Delete 语句用于删除数据表中的记录。

例如:

```
Delete from project where pro_no=ds002; //删除 project 表中项目号为 ds002 的记录
```

11.3　ADO.NET 基础

11.3.1　ADO.NET 简介

ADO.NET 是.NET Framework 中专门用于数据访问的类库,它将数据访问分解为多个可以单独使用或前后使用的不连续组件,并利用.NET Data Provider 进行数据库的连接和访问，便于程序设计人员轻松地使用所需要的数据库内容。

ADO.NET 是应用程序和数据源之间沟通的桥梁。通过 ADO.NET 所提供的对象，配合 SQL 就可以访问数据库中的数据。凡是能通过开放数据库连接(open database connectivity, ODBC)、对象链接和嵌入数据库(object linking and embedding database, OLEDB)接口访问的数据，都可以通过 ADO.NET 进行访问。

11.3.2 ADO.NET 体系结构

为了使程序在数据处理时不占用系统资源，ADO.NET 将数据提供和数据处理分开进行，以达到离线访问数据的目的，并使数据库能够执行其他工作。

ADO.NET 分为.NET Data Provider(数据提供程序)和 DataSet(数据处理程序)两部分，它们包含的主要组件及相互关系如图 11.9 所示。

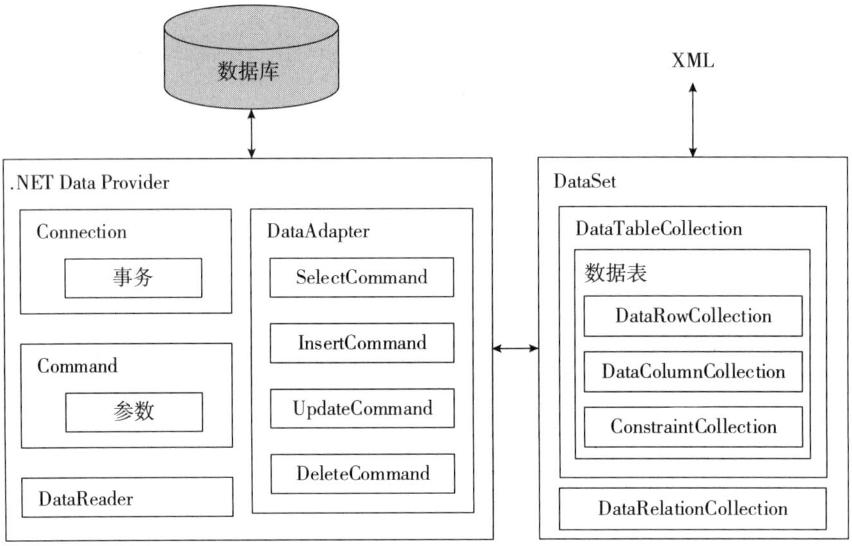

图 11.9 ADO.NET 主要组件及相互关系

1. .NET Data Provider

.NET Data Provider 是为了统一对各种不同类型数据源的访问而设计的一套高效类库，其常用对象及功能说明如表 11.5 所示。

表 11.5 .NET Data Provider 的常用对象及功能说明

对象名称	功能说明
Connection	提供和数据源的连接功能
Command	提供运行访问数据库命令、传送数据或修改数据的功能，如运行 SQL 命令
DataAdapter	DataSet 对象和数据源之间的桥梁 DataAdapter 使用 4 个 Command 对象来运行查询、新建、修改、删除的 SQL 命令，把数据加载到 DataSet 对象，或者把 DataSet 对象内的数据送回数据源
DataReader	通过 Command 对象运行 SQL 查询命令取得数据流，以便进行高速、只读的数据浏览

Connection 对象用于对指定的数据库进行连接。Command 对象用于运行 SQL 命令(如 Select、Insert、Update 或 Delete),以读取或修改数据库中的数据。通过 DataAdapter 对象提供的 4 个 Command 对象(SelectCommand、InsertCommand、UpdateCommand、DeleteCommand)可以进行离线式数据访问。

SelectCommand 对象用于将数据库中的数据读出并存放到 DataSet 对象中,以进行离线式数据访问;InsertCommand、UpdateCommand、DeleteCommand 对象分别用于插入、更新和删除 DataSet 对象中的数据,并写回数据库。

通过 DataAdapter 对象的 Fill 方法可以将数据读到 DataSet 对象中;通过 Update 方法则可以将 DataSet 对象中的数据更新到指定的数据库中。

.NET Data Provider 是一组用来访问数据库的对象,具体包括 SQL.NET Data Provider、OLEDB.NET Data Provider、ODBC.NET Data Provider 和 ORACLE.NET Data Provider。使用程序访问数据库之前,需要确定使用哪个.NET Data Provider 访问数据库。

(1)SQL.NET Data Provider 支持 Microsoft SQL Server 7.0 及以上版本,可以直接访问 SQL Server 数据库。使用时需要在 ADO.NET 对象名称之前加上 Sql,如 SqlConnection、SqlCommand等。

(2)OLEDB.NET Data Provider 支持通过 OLEDB 接口来访问如 Excel、Access、Oracle 及 SQL Server 等多种类型数据源,使用时需要在 ADO.NET 对象名称之前加上 OleDb,如 OleDbConnection、OleDbCommand 等。使用 OLEDB.NET Data Provider 可以直接访问 Access数据库。

(3)ODBC.NET Data Provider 支持通过 ODBC 接口来访问如 Excel、Access、Oracle 及 SQL Server 等多种类型数据源,使用时需要在 ADO.NET 对象名称之前加上 Odbc,如 OdbcConnection、OdbcCommand 等。使用 ODBC.NET Data Provider 访问 Access 数据库时,需要建立 Access 数据库对应的 ODBC 数据源。

(4)ORACLE.NET Data Provider 支持通过 ORACLE 接口来访问 Oracle 数据源,使用时需要在 ADO.NET 对象名称之前加上 Oracle,如 OracleConnection、OracleCommand 等。

2.DataSet

DataSet 称为数据集,是 ADO.NET 离线数据访问的核心对象,主要作用是在内存中暂存并处理各种从数据源中取回的数据。DataSet 可以看作内存中的数据暂存区,其通过 DataAdapter 对象与数据库进行数据交换。DataSet 允许同时存放一个或多个不同的 DataTable 对象。

DataSet 像是内存中的数据库管理系统,离线时也能完成数据的修改、删除、查询及更新等操作。

数据库通过 Connection 对象连接后,通过 Command 对象将 SQL 交由数据引擎运行,并通过 DataAdapter 对象将数据查询的结果存放到 DataSet 对象中,进行离线数据修改。

11.3.3 ADO.NET 访问数据库流程

ADO.NET 访问数据库的一般流程如下。

(1)建立 Connection 对象,创建数据库连接。

(2)使用 Command 对象向数据库发送修改、删除、查询及更新等命令。

(3)创建 DataAdapter 对象,从数据库中读取数据。

(4)建立 DataSet 对象,将 DataAdapter 对象填充到 DataSet 对象中。

(5)如果需要,返回步骤(2)进行重复操作。

(6)关闭数据库连接。

(7)对 DataSet 对象进行所需要的操作。

11.4 ADO.NET 数据访问对象

ADO.NET 数据访问对象包括 Connection、Command、DataReader 和 DataAdapter 等。虽然不同的.NET Data Provider 都有相对应的数据访问对象,但它们的使用方法基本相同。本节仅以 OLEDB.NET Data Provider 为例,介绍各种数据访问对象的使用方法,其他.NET Data Provider 数据访问对象的使用方法与之类似。

11.4.1 OleDbConnection

程序进行数据访问时,必须建立数据库的物理连接。OLEDB.NET Data Provider 使用 OleDbConnection 对象建立程序与一个数据源的物理连接。OleDbConnection 对象的属性决定了数据提供程序、数据源、所连接到的数据库和数据库连接期间用到的字符串。

1.OleDbConnection 类

OleDbConnection 类的常用属性和方法及说明分别如表 11.6 和表 11.7 所示。

表 11.6 OleDbConnection 类的常用属性及说明

属性	说明
ConnectionString	获取或设置用于打开数据库的字符串
ConnectionTimeout	获取在尝试建立连接至终止尝试并生成错误之前所等待的时间
Database	获取当前数据库或连接打开后要使用的数据库的名称
DataSource	获取数据源的服务器名或文件名
Provider	获取“Provider=”子句中指定的 OLEDB 提供程序的名称
State	获取连接的当前状态,其值具体如下。 ①Broken:与数据源的连接中断。 ②Closed:连接处于关闭状态。 ③Connecting:正在与数据源连接。 ④Executing:连接对象正在执行命令。 ⑤Fetching:连接对象正在检索数据。 ⑥Open:连接处于打开状态

表 11.7 OleDbConnection 类的常用方法及说明

方法	说明
Open	使用 ConnectionString 指定的属性设置打开与数据库的连接

续表

方法	说明
Close	关闭与数据库的连接
CreateCommand	创建并返回一个与 OleDbConnection 对象关联的 OleDbCommand 对象
ChangeDatabase	为打开的 OleDbConnection 对象更改当前的数据库

2.建立连接字符串 ConnectionString

建立数据库连接的核心是建立连接字符串 ConnectionString，主要步骤如下。

(1)创建一个 OleDbConnection 对象。

(2)按如下代码设置 ConnectionString 属性值。

```
Server=localhost;User=root;Password=nuist123456;Database=nuist;
```

(3)用 Open 方法打开连接。

11.4.2 OleDbCommand

建立数据库连接后，就可以使用 OleDbCommand 对象执行修改、删除、查询及更新等相关操作。

1.OleDbCommand 类

OleDbCommand 类的属性包含对数据库执行命令所需的全部信息，通常包括以下四个方面的内容。

(1)一个连接。命令引用一个连接，负责与数据库通信。

(2)命令的名称或文本。包括 SQL 的实际文本或要执行的存储过程的名称。

(3)命令类型。指明命令的类型，如是命令存储过程还是 SQL 文本。

(4)参数。命令可能要求传递参数，还可能返回值或者通过输出参数的形式返回值。每个命令都有一个参数集合，可以分别设置或者读取这些参数以传递或者接收值。

OleDbCommand 类的常用属性及说明如表 11.8 所示，其常用方法及说明如表 11.9 所示。

表 11.8　OleDbCommand 类的常用属性及说明

属性	说明
CommandText	获取或设置要对数据源执行的 SQL 命令或存储过程
CommandTimeout	获取从尝试到终止执行命令并生成错误期间所等待的时间
CommandType	获取或设置一个值，该值指示如何解释 CommandText 属性，其值具体如下。 ①StoredProcedure：存储过程的名称。 ②TableDirect：将 CommandType 属性设置为 TableDirect 时，应将 CommandText 属性设置为要访问的一个或多个表的名称。 ③Text：SQL 文本命令(默认值)

表 11.9 OleDbCommand 类的常用方法及说明

方法	说明
CreateParameter	创建 OleDbParameter 对象的新实例
ExecuteNonQuery	针对 Connection 执行 SQL 并返回受影响的行数
ExecuteReader	将 CommandText 发送到 Connection 并生成一个 OleDbReader
ExecuteScalar	执行查询，并返回查询所返回的结果中第一行的第一列

2.创建 OleDbCommand 对象

OleDbCommand 类的主要构造函数如下。

OleDbCommand()；

OleDbCommand(**cmdText**)；

OleDbCommand(**cmdText, connection**)；

其中，"cmdText"参数指定查询的文本；"connection"参数是一个 OleDbconnection 对象，它表示数据库的连接。

例如，用下列语句创建一个 OleDbCommand 对象 *mycmd*。

```
OleDbConnection myconn=new OleDbConnection();
String mystr="Provider=Microsoft.Jet.OLEDB.4.0; Data Source=E:\\ C#2017\
          School.mdb";
myconn.ConnectionString=mystr;
myconn.Open();
OleDbCommand mycmd=new OleDbCommand("select*from student",myconn);
```

3.通过 OleDbCommand 对象返回单个值

在 OleDbCommand 类的方法中，ExecuteScalar 方法执行返回单个值的 SQL 命令。例如，如果要获取 nuist 数据库中项目的总数，可以使用该方法执行 Select 语句。

```
SqlCommand cmd=new SqlCommand():
cmd.CommandText=" Select projectinfo (*)from nuist";
int returnValue=(int)cmd.ExecuteScalar();
```

4.通过 OleDbCommand 对象执行修改操作

在 OleDbCommand 类的方法中，ExecuteNonQuery 方法执行不返回结果的 SQL 命令。该方法主要用于更新数据，通常用它执行 Update、Insert 和 Delete 语句。该方法不返回数据行，对于 Update、Insert 和 Delete 语句，返回值为该命令所影响的行数，对于所有其他类型的语句，其返回值为−1。

5.在 OleDbCommand 对象的命令中指定参数

OLEDB.NET Data Provider 支持执行命令中包含参数，即可以使用包含参数的数据命令或存储过程执行数据筛选操作和数据更新等操作，其主要步骤如下。

(1)创建 OleDbConnection 对象，并设置相应的属性值。

(2)打开 OleDbConnection 对象。

(3)创建 OleDbCommand 对象，并设置相应的属性值，其中 SQL 含有占位符。

(4)创建参数对象，将建立好的参数对象添加到 OleDbCommand 对象的 Parameters 集合中。

(5)为参数对象赋值。

(6)执行数据命令。

(7)关闭相关对象。

OleDbCommand 对象的 Parameters 属性能够取得与 OleDbCommand 对象相关联的参数集合(也就是 OleDbParameterCollection),从而通过调用其 Add 方法即可将 SQL 中的参数添加到参数集合中,每一个参数都是一个 OleDbParameter 对象,其常用属性及说明如表 11.10 所示。

表 11.10 OleDbParameter 对象的常用属性及说明

属性	说明
ParameterName	用于指定参数的名称
OleDbType	用于指定参数的数据类型,如整型、字符型等
Value	设置输入参数的值
Size	设置数据的最大长度(以字节为单位)
Scale	设置小数位数
Direction	指定参数的方向,具体如下。 ①ParameterDirection.Input:指明为输入参数。 ②ParameterDirection.Output:指明为输出参数。 ③ParameterDirection.InputOutput:指明为输入参数或输出参数。 ④ParameterDirection.ReturnValue:指明为返回值类型

11.4.3 OleDbDataReader

当执行返回结果集的命令时,需要一个方法从结果集中提取数据。处理结果集的方法有两个:①使用 OleDbDataReader 对象(数据阅读器);②使用 OleDbDataAdapter 对象(数据适配器)和 ADO.NET DataSet 对象。这里主要介绍 OleDbDataReader 对象的相关知识。

使用 OleDbDataReader 对象可以从数据库中得到只读的、只能向前的数据流。OleDbDataReader 对象一次只能将一行数据记录在内存中,有利于减少系统占用,提高应用程序性能。

1.OleDbDataReader 类

OleDbDataReader 类的常用属性和方法及说明分别如表 11.11 和表 11.12 所示。

表 11.11 OleDbDataReader 类的常用属性及说明

属性	说明
FieldCount	获取当前行中的列数
IsClosed	获取一个布尔值,指出 OleDbDataReader 对象是否关闭
RecordsAffected	获取执行 SQL 时修改的行数

表 11.12　OleDbDataReader 类的常用方法及说明

方法	说明
Read	将 OleDbDataReader 对象前进到下一行并读取，返回布尔值，指示是否有多行
Closed	关闭 OleDbDataReader 对象
IsDBNull	返回布尔值，指示列是否包含空值
NextResult	将 OleDbDataReader 对象移到下一个结果集，返回布尔值，指示是否有多行
GetString	返回指定列的值，类型为字符串
GetDataTime	返回指定列的值，类型为日期时间值

2.创建 OleDbDataReader 对象

ADO.NET 中，OleDbDataReader 类没有提供公有的构造函数，因而通常调用 OleDbCommand 类的 ExecuteReader 方法返回一个 OleDbDataReader 对象。例如，可以用以下代码创建一个 OleDbDataReader 对象 *myreader*。

```
OleDbCommand cmd=new OleDbCommand(CommandText,ConnectionObject);
OleDbDataReader myreader=cmd.ExecuteReader();
```

OleDbDataReader 对象最常见的用法就是检索 SQL 查询或存储过程执行后返回的记录集。另外，OleDbDataReader 对象是一个连接的和只读的记录集。也就是说，当使用该对象时，必须保持连接处于打开状态。此外，只允许从头到尾浏览记录集。由于记录是只读的，因此 OleDbDataReader 类不提供任何修改数据库记录的方法。

3.遍历 OleDbDataReader 对象的记录

当 ExecuteReader 方法返回 OleDbDataReader 对象时，当前光标的位置是在第一条记录的前面，必须调用 OleDbDataReader 对象的 Read 方法把光标移动到第一条记录。此时，第一条记录变为当前记录。如果 OleDbDataReader 对象中包含的记录不止一条，Read 方法将返回一个布尔值 true。想要移动到下一条记录，需再次调用 Read 方法。重复上述过程，直到最后一条记录，此时 Read 方法将返回 false。经常使用 While 循环遍历所有记录，具体如下。

```
while(myreader.Read())
{
    //读取数据
}
```

只要 Read 方法返回的值为 True，就可以访问当前记录中包含的字段。

4.访问字段中的值

使用以下语句获取一个 OleDbDataReader 对象。

OleDbDataReader myreader=cmd.ExecuteReader();

之后，通过 Item 属性和 Get 方法访问记录中的字段。其中，Item 属性返回由字段索引或字段名指定的字段值，Get 方法返回由字段索引指定的字段的值。具体如下。

(1)Item 属性。

每一个 OleDbDataReader 对象都定义了一个 Item 属性，该属性返回一个代码字段属性的对象。Item 属性是 OleDbDataReader 对象的索引，其从 0 开始编号。

myreader[FiledName];

myreader[FiledIndex];

可以把字段名的字符串传递给 Item 属性，也可以把指定字段的索引值传递给 Item 属性。

(2)Get 方法。

每一个 OleDbDataReader 对象定义一组 Get 方法，通过这些方法将返回适当类型的值。例如：

```
Myreader.GetInt32[0];
Myreader.GetString[1];
```

11.4.4　OleDbDataAdapter

OleDbDataAdapter 对象称为数据适配器，其可以指向 SQL 命令、调用存储过程以及传递参数，最重要的是取得数据结果集，在数据库和 DataSet 对象之间传输数据。

1.OleDbDataAdapter 类

OleDbDataAdapter 类的常用属性和方法及说明分别如表 11.13 和表 11.14 所示。

表 11.13　OleDbDataAdapter 类的常用属性及说明

属性	说明
SelectCommand	获取或设置 SQL 命令或存储过程，用于选择数据源中的记录
InsertCommand	获取或设置 SQL 命令或存储过程，用于将新记录插入数据源中
UpdateCommand	获取或设置 SQL 命令或存储过程，用于更新数据源中的记录
DeleteCommand	获取或设置 SQL 命令或存储过程，用于从数据集中删除记录
AcceptChangesDuringFill	获取或设置一个值，该值指示在任何 Fill 操作过程中，是否接受对行所做的修改
AcceptChangesDuringUpdate	获取或设置在 Update 期间是否调用 AcceptChanges
FillLoadOption	获取或设置 FillLoadOption，确定数据适配器如何从 OleDbDataReader 中填充 DataTable
MissingMappingAction	确定传入数据没有匹配的行或列时需要执行的操作
MissingSchemaAction	确定现有 DataSet 架构与传入数据不匹配时需要执行的操作
TableMapping	获取一个集合，它提供源表和 DataTable 间的主映射

表 11.14　OleDbDataAdapter 类的常用方法及说明

方法	说明
Fill	用于自动执行 OleDbDataAdapter 对象的 SelectCommand 属性中相应的 SQL 命令，以检索数据库中的数据，更新数据集中的 DataTable 对象；如果 DataTable 对象不存在，则创建它
FillSchema	将 DataTable 对象添加到 DataSet 对象中，并配置架构以匹配数据源中的架构

续表

方法	说明
GetFillParameters	获取当执行 SQL Select 命令时由用户设置的参数
Update	用来自动执行 UpdateCommand、InsertCommand 或 DeleteCommand 属性相对应的 SQL 命令，并用数据集中的数据更新数据库

使用 OleDbDataAdapter 对象的主要目的是实现 DataSet 对象与数据更新的自动化。DataSet 对象为离线存取，数据的添加、删除、修改都是在 DataSet 对象中进行的。当需要将数据写回数据库时，OleDbDataAdapter 对象的 Update 方法会自动将 DataSet 对象中不同的内容取出，自动判断添加的数据并使用 InsertCommand 所指定的 Insert 语句，修改记录使用 UpdateCommand 所指定的 Update 语句，删除记录使用 DeleteCommand 所指定的 Delete 语句。

写回数据时，通过 TableMapping 定义 DataTable 与实际数据的数据表及列的对应关系。

2.创建 OleDbDataAdapter 对象

创建 OleDbDataAdapter 对象有如下两种方式。

(1)用代码创建 OleDbDataAdapter 对象。

OleDbDataAdapter 类的构造函数有以下四种格式。

OleDbDataAdapter()；

OleDbDataAdapter(**selectCommandText**)；

OleDbDataAdapter(**selectCommandText, selectConnection**)；

OleDbDataAdapter(**selectCommandText, selectConnectionString**)；

其中，“selectCommandText”是一个包含 SQL Select 语句或存储过程的字符串，“selectConnection”是当前连接的 OleDbConnection 对象，“selectConnectionString”是连接字符串。

采用第三个构造函数创建 OleDbDataAdapter 对象的过程是先建立 OleDbConnection 连接对象，然后建立 OleDbDataAdapter 对象。

例如：

```
string mystr,mysql;
OleDbConnection myconn=new OleDbConnection();
mystr="Provider=Microsoft.Jet.OLEDB.4.0; Data Source=E:\\";
myconn.connectionString=mystr;
myconn.Open();
mysql="Select*from student";
OleDbDataAdapter myadapter=new OleDbDataAdapter(mysql,myconn);
```

(2)通过“工具箱”中的控件创建 OleDbDataAdapter 对象。

通过“工具箱”中的控件创建 OleDbDataAdapter 对象的具体步骤如下。

步骤 1:从“工具箱”中选取 OleDbDataAdapter 控件并添加到窗体中，此时会出现“数据适配器配置向导”界面，如图 11.10 所示，单击“新建连接(C)...”按钮，选择相关数据库，单击“下一步(N)”按钮。

步骤 2:选中“使用 SQL 语句”，单击“下一步(N)”按钮，打开“生成 SQL 语句”对话框。可以在对话框的文本框中输入 SQL 查询语句，也可以单击“查询生成器”按钮生成查询命令。

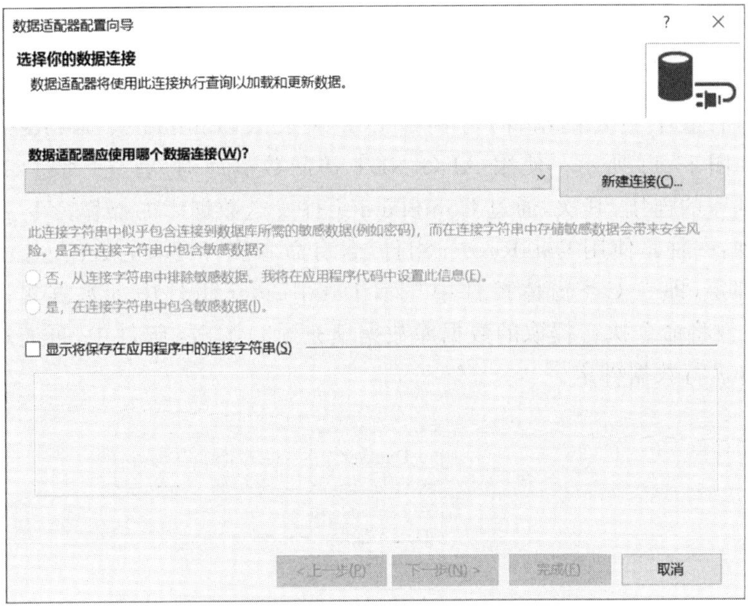

图 11.10　“数据适配器配置向导”界面

步骤 3：单击“下一步(N)”按钮，打开“向导结果”对话框，单击“完成(F)”按钮。

此时，就完成了一个 OleDbDataAdapter 对象的创建。同时，也在窗体中创建了一个 OleDbConnection 对象。

3.Fill 方法

Fill 方法用于向 DataSet 对象填充从数据源中读取的数据，其常用格式如下。

OleDbDataAdapter 对象名.Fill(DataSet 对象名,“数据表名”);

其中，第一个参数是 DataSet 对象名，表示要填充的 DataSet 对象；第二个参数是一个字符串，表示在本缓冲区中建立的临时表的名称。

使用 Fill 方法需要注意以下几点：

(1)如果使用 Fill 方法之前连接已经关闭，则需要先打开连接再检索数据，检索完成后继续将连接关闭。如果使用 Fill 方法之前连接已经打开，连接依旧保持打开状态。

(2)如果数据适配器在填充 DataTable 时遇到重复列，它们将以 columnname1、columnname2、columnname3……形式命名。

(3)如果传入的数据包含未命名的列，它们将以 column1、column2、column3……形式命名。

(4)向 DataSet 对象添加多个结果集时，每个结果集都放在一个单独的数据表中。

(5)可以在同一个 DataTable 中多次使用 Fill 方法。如果存在主键，则传入的行会与已有的匹配行合并；如果不存在主键，则传入的行会追加到 DataTable 中。

11.5　DataSet 对象

DataSet 对象是 ADO.NET 数据库访问组件的核心，主要用来支持 ADO.NET 的不连贯连接及数据分布。它的数据驻留内存,可以保证和数据源无关的一致的关系模型用于多个异种数据源的数据操作。

11.5.1 DataSet 对象概述

ADO.NET 有五个主要的组件,分别是 Connection、Command、DataReader、DataSet 及 DataAdapter,如图 11.11 所示。使用 ADO.NET 访问数据库时,首先,通过 Connection 组件建立与实际数据库的连接;其次,通过 Command 组件发送数据库的操作命令。具体的数据访问方式包括两种:一种是使用 DataReader 组件(含有命令执行提取的数据库数据)与 C# 窗体控件进行数据绑定,即在 C# 窗体控件中显示 DataReader 组件中的数据集;另一种是通过 DataAdapter 组件将命令执行提取的数据库数据填充到 DataSet 组件中,再通过 DataSet 组件与 C# 窗体控件进行数据绑定。

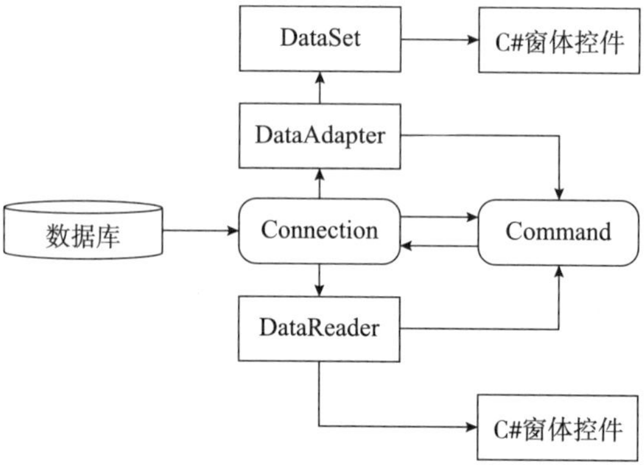

图 11.11 ADO.NET 组件访问数据库的方式

DataSet 对象可以分为类型化数据集和非类型化数据集。

类型化数据集继承自 DataSet 基类,包含结构描述信息,是结构描述文件所生成类的实例,C# 为类型化数据集提供了较多的可视化工具支持,使访问类型化数据集中的数据表和字段内容更加方便、快捷且不易出错,类型化数据集提供了编译阶段的类型检查功能。

非类型化数据集没有对应的内置结构描述,本身所包括的数据表、字段等数据对象以集合的方式来呈现。对于动态建立的且不使用结构描述信息的对象则应该使用非类型化数据集,可以使用 DataSet 类的 WriteXmlSchema 方法来将非类型化数据集的结构导出到结构描述文件中。

创建 DataSet 对象有多种方法,既可以使用设计工具,也可以使用程序代码。使用程序代码创建 DataSet 对象的语法格式如下。

DataSet 对象名=new DataSet();

或

DataSet 对象名=new DataSet(dataSetname);

其中,“dataSetname”表示一个字符串,指出 DataSet 对象的名称。

11.5.2 DataSet 对象的常用属性和方法

1.DataSet 对象的常用属性

DataSet 对象如同内存中的数据库,一个 DataSet 对象包含一个 Tables 属性(表集合)和一个 Relations 属性(表之间关系的集合)。其常用属性及说明如表 11.15 所示。

表 11.15 DataSet 对象的常用属性及说明

属性	说明
CaseSensitive	获取或设置一个值,指示 DataTable 对象中的字符串比较是否区分大小写
DataSetName	获取或设置当前 DataSet 对象的名称
Relations	获取用于将表连接起来并允许从父表浏览子表的关系集合
Tables	获取包含在 DataSet 对象中的数据表的集合

2.DataSet 对象的常用方法

DataSet 对象的常用方法及说明如表 11.16 所示。

表 11.16 DataSet 对象的常用方法及说明

方法	说明
AcceptChanges	提交自加载此 DataSet 对象或调用 AcceptChanges 以来对其进行的所有更改
Clear	通过移除所有数据表中的所有行来清除 DataSet 对象的所有数据
CreateDataReader	为每个 DataTable 对象返回带有一个结果集的 DataTableReader,顺序与 Tables 中数据表的显示顺序相同
GetChanges	获取 DataSet 对象的副本,该副本包含自上次加载以来或自调用 AcceptChanges 以来对该数据集进行的所有更改
HasChanges	获取一个值,该值指示 DataSet 对象是否有更改,包括新增行、已删除的行或已修改的行
Merge	将指定的 DataSet 对象、DataTable 对象或 DataRow 对象的数组合并到 DataSet 对象或 DataTable 对象
Reset	将 DataSet 对象重置为其初始状态

11.5.3 Tables 和 DataTable 对象

DataSet 对象的 Tables 属性由数据表组成,每个数据表是一个 DataTable 对象。实际上,每一个 DataTable 对象代表了数据库中的一个数据表,每个 DataTable 数据表都由相应的行和列组成。可以通过索引引用 Tables 中的一个数据表。例如,Tables[*i*]表示第 *i* 个表,其索引值从 0 开始编号。

1.Tables 的常用属性和方法

Tables 的常用属性及说明如表 11.17 所示,其常用方法及说明如表 11.18 所示。

表 11.17 Tables 的常用属性及说明

属性	说明
Count	Tables 中表的个数
Item	检索 Tables 中指定索引处的表

表 11.18 Tables 的常用方法及说明

方法	说明
Add	向 Tables 中添加一个数据表
AddRange	将要加入的元素一次性加入 Tables 中一个数据表的末尾
Clear	移除 Tables 中的所有数据表
Contains	确定指定数据表是否在 Tables 中
Equals	判断是否等于当前对象
GetType	获取当前实例的 Type
Insert	将一个数据表插入 Tables 中指定的索引处
IndexOf	检索指定的数据表在 Tables 中的索引
Remove	从 Tables 中移除指定的数据表
RemoveAt	移除 Tables 中指定索引处的数据表

2.DataTable 对象

DataTable 对象的常用属性及说明如表 11.19 所示。一个 DataTable 对象包含一个 Columns属性(列集合)和一个 Rows 属性(行集合)。DataTable 对象的常用方法及说明如表 11.20所示。DataSet 对象由若干 DataTable 对象组成,可以使用 DataSet.Tables["表名"]或 DataSet.Tables[表索引]来引用其中的 DataTable 对象。

表 11.19 DataTable 对象的常用属性及说明

属性	说明
CaseSensitive	指示数据表中的字符串比较是否区分大小写
ChildRelations	获取 DataTable 对象的子关系的集合
Columns	获取属于该数据表的列的集合
Constraints	获取由该数据表维护的约束的集合
DataSet	获取此数据表所属的 DataSet 对象
DefaultView	返回可用于排序、筛选和搜索 DataTable 对象的 DataView 对象
ExtendedProperties	获取自定义用户信息的集合
ParentRelations	获取该 DataTable 对象的父关系的集合
PrimaryKey	获取或设置充当数据表主键的列的数组
Rows	获取属于该数据表的行的集合
TableName	获取或设置 DataTable 对象的名称

表 11.20 DataTable 对象的常用方法及说明

方法	说明
AcceptChanges	提交自上次调用 AcceptChanges 以来对该数据表进行的所有更改

续表

方法	说明
Clear	清除 DataTable 对象的所有数据
Compute	计算用于传递筛选条件的当前行上的给定表达式
CreateDataReader	返回与此 DataTable 对象中的数据相对应的 CreateDataReader
ImportRow	将 DataRow 对象复制到 DataTable 对象中，保留属性设置以及初始值和当前值
Merge	将指定的 DataTable 对象与当前的 DataTable 对象合并
NewRow	创建与该数据表具有相同架构的新 DataRow 对象
Select	获取 DataRow 对象数组

3.建立包含在数据集中的数据表

建立包含在数据集中的数据表的方法主要有以下两种。

(1)利用数据适配器的 Fill 方法自动建立 DataSet 对象中的 DataTable 对象。

先通过 OleDbDataAdapter 对象从数据源中提取记录数据，然后调用其 Fill 方法，将所提取的记录存入 DataSet 对象中对应的表内。如果 DataSet 中不存在对应的数据表，Fill 方法会先建立数据表，再将记录填入其中。例如，通过以下语句向 DataSet 对象 *myds* 中添加一个数据表 course 及其包含的数据记录。

```
DataSet myds=new DataSet();
OleDbDataAdapter myda=new OleDbDataAdapter("select*from course",myconn);
Myda.Fill(myds,"course");
```

(2)将建立的 DataTable 对象添加到 DataSet 对象中。

先建立 DataTable 对象，然后调用 DataSet 对象的数据表集合属性 Tables 的 Add 方法，将 DataTable 对象添加到 DataSet 对象中。例如，通过以下语句向 DataSet 对象 *myds* 中添加一个数据表，并返回数据表的名称 course。

```
DataSet myds=new DataSet();
DataTable mydt=new DataTable("course");
myds.Tables.Add(mydt);
textBox1.text=myds.Tables["course"].TableName;
```

11.5.4 Columns 和 DataColumn 对象

DataTable 对象的 Columns 属性由列组成，每一列都是一个 DataColumn 对象。DataColumn 对象描述数据表列的结构，要向数据表中添加一个列，必须先建立一个 DataColumn 对象，设置其各项属性，然后将其添加到 DataTable 对象的列集合 Columns 中。

1.Columns 的常用属性和方法

Columns 的常用属性及说明如表 11.21 所示，其常用方法及说明如表 11.22 所示。

表 11.21　Columns 的常用属性及说明

属性	说明
Count	Columns 中列的个数
Item	检索 Columns 中指定索引处的列

表 11.22　Columns 的常用方法及说明

方法	说明
Add	向 Columns 中添加一个列
AddRange	向 Columns 中添加一个列的数组
Clear	移除 Columns 中的所有列
Contains	确定指定列是否在 Columns 中
Equals	判断是否等于当前对象
GetType	获取当前实例的 Type
Insert	将一个列插入 Columns 中指定的索引处
IndexOf	检索指定的列在 Columns 中的索引
Remove	从 Columns 中移除指定的列
RemoveAt	移除 Columns 中指定索引处的列

2.DataColumn 对象

DataColumn 对象的常用属性及说明如表 11.23 所示，其方法很少使用。

表 11.23　DataColumn 对象的常用属性及说明

属性	说明
AllowDBNull	获取或设置一个值，该值指示对于属于该表的行，此列中是否允许空值
Caption	获取或设置列的标题
ColumnName	获取或设置数据列集合 DataColumnCollection 中的列的名称
DataType	获取或设置存储在列中的数据的类型
DefaultValue	在创建新行时，获取或设置列的默认值
Expression	获取或设置表达式，用于筛选行，计算列中的值或创建聚合列
MaxLength	获取或设置文本的最大长度
Table	获取列所属的 DataTable
Unique	获取或设置一个值，该值指示列的每一行中的值是否必须是唯一的

例如，在内存中建立一个 DataSet 对象 *myds*，通过以下语句向其中添加一个 DataTable 对象 *mydt*，向 *mydt* 中添加三个列，列名分别为 ID、cName 和 cBook，数据类型均为 String。

```
DataTable mydt=new DataTable();
DataColumn mycol1=mydt.Columns.Add("ID",Type.GetType("System.String"));
```

```
mydt.Columns.Add("cName",Type.GetType("System.String"));
mydt.Columns.Add("cBook",Type.GetType("System.String"));
```

11.5.5　Rows 和 DataRow 对象

DataTable 对象的 Rows 属性由行组成，每一行都是一个 DataRow 对象。DataRow 对象表示 DataTable 中单独的一条记录，每一条记录又包含多个字段。DataRow 对象的 Item 属性代表了这些字段。Item 属性加上索引值或字段名表示指定的字段值。

1.Rows 的常用属性和方法

Rows 的常用属性及说明如表 11.24 所示，其常用方法及说明如表 11.25 所示。

表 11.24　Rows 的常用属性及说明

属性	说明
Count	Rows 中行的个数
Item	检索 Rows 中指定索引处的行

表 11.25　Rows 的常用方法及说明

方法	说明
Add	向 Rows 中添加一个行
AddRange	向 Rows 中添加一个行的数组
Clear	移除 Rows 中的所有行
Contains	确定指定行是否在 Rows 中
Equals	判断是否等于当前对象
GetType	获取当前实例的 Type
Insert	将一个行插入 Rows 中指定的索引处
IndexOf	检索指定的行在 Rows 中的索引
Remove	从 Rows 中移除指定的行
RemoveAt	移除 Rows 中指定索引处的行

2.DataRow 对象

DataRow 对象的常用属性及说明如表 11.26 所示，其常用方法及说明如表 11.27 所示。

表 11.26　DataRow 对象的常用属性及说明

属性	说明
Item	获取或设置存储在指定行中的数据
ItemArray	通过一个数组来获取或设置此行的所有值
Table	获取该行拥有其架构的 DataTable 对象

表 11.27 DataRow 对象的常用方法及说明

方法	说明
AcceptChanges	提交自上次调用 AcceptChanges 以来对该行进行的所有更改
Delete	删除 DataRow 对象
EndEdit	终止发生在该行的编辑
IsNull	获取一个值,该值指示指定的行是否包含空值

11.5.6 Relations 和 DataRelation 对象

DataTable 对象的 Relations 属性由关系组成,每个关系都是一个 DataRelation 对象。可以通过索引引用 Relations 中的一个关系,其索引值从 0 开始编号。例如,"Relations(i)"表示第 i 个关系。

1.Relations 的常用属性和方法

Relations 的常用属性及说明如表 11.28 所示,其常用方法及说明如表 11.29 所示。

表 11.28 Relations 的常用属性及说明

属性	说明
Count	Relations 中关系的个数
Item	检索 Relations 中指定索引处的关系

表 11.29 Relations 的常用方法及说明

方法	说明
Add	向 Relations 中添加一个关系
AddRange	向 Relations 中添加一个关系的数组
Clear	移除 Relations 中的所有关系
Contains	确定指定关系是否在 Relations 中
Equals	判断是否等于当前对象
GetType	获取当前实例的 Type
Insert	将一个关系插入 Relations 中指定的索引处
IndexOf	检索指定的关系在 Relations 中的索引
Remove	从 Relations 中移除指定的关系
RemoveAt	移除 Relations 中指定索引处的关系

2.DataRelation 对象

DataRelation 对象的常用属性及说明如表 11.30 所示,其方法使用较少。DataRelation 对象的常用构造函数如下。

DataRelation(relName, parentColumn, childColumn);

DataRelation(relName, parentColumn, childColumn, createConstraints);

其中,"relName"表示 DataRelation 对象的名称;"parentColumn"表示关系中的父 DataColumn 对象;"childColumn"表示关系中的子 DataColumn 对象;"createConstraints"表示是否要创建约束的值,如果要创建约束,则为 True,否则为 False。

表 11.30 DataRelation 对象的常用属性及说明

属性	说明
ChildColumn	获取此关系的子 DataColumn 对象
ChildTable	获取此关系的子表
DataSet	获取 DataRelation 对象所属的 DataSet 对象
ExtendedProperties	获取存储自定义属性的集合
ParentKeyConstraint	获取唯一性约束(UniqucConstraint),确保 DataRelation 对象的父列中的值是唯一的
ParentColumns	获取作为此 DataRelation 对象的父列的 DataColumn 对象的数组
ParentTable	获取此 DataRelation 对象的父级 DataTable
RelationName	获取或设置 DataRelation 对象的名称

例如,有一个 DataSet 对象 *myds*,其中有两个数据表 table1 和 table2,均包含 id 列,以下语句可以建立它们之间的关系 trelation。

```
DataRelation dr=new DataRelation("trelation",table1.Columns["id"],
table2.Columns["id"]);
Myds.Relations.Add(dr);
```

11.6 数据绑定

数据绑定是把数据连接到窗体的过程。数据绑定后,可以通过窗体界面操作数据库中的数据。

11.6.1 数据绑定概述

C#中的大部分控件都有数据绑定的功能,如 Label 控件、TextBox 控件、DataGridView 控件等。当控件进行数据绑定操作后,该控件即会显示所查询的数据记录。窗体控件的数据绑定一般可以分为两种方式,即单一绑定和复合绑定。

1.单一绑定

单一绑定是指将单一的数据元素绑定到控件的某个属性,例如,将 TextBox 控件的 Text 属性与 student 数据表中的姓名进行绑定。

单一绑定是利用控件的 DataBindings 属性实现的,其一般形式如下。

控件名称.DataBindings.Add("控件的属性名称",数据源,"数据成员");

这三个参数构成了一个 Binding 对象。其中,"控件的属性名称"表示绑定到控件的哪一个属性，为字符串形式；DataBindings 属性允许让控件的多个属性与数据源进行绑定。

也可以先创建 Binding 对象，再使用 Add 方法将其添加到 DataBindings 属性中。Binding 对象的构造函数如下。

Binding("控件的属性名称",数据源,"数据成员");

例如，以下语句建立 *myds* 数据集的"Student.学号"列到一个控件 Text 属性的绑定。

```
DataSet myds=new DataSet();
……
Binding mybinding=new Binding("Text",myds,"Student.学号");
```

C#还提供了 BindingSource 类，用于封装窗体的数据源，实现对数据源的整体导航操作。

BindingSource 类的常用构造函数如下。

BindingSource();

BindingSource(dataSource,dataMember);

其中，"dataSource"表示 BindingSource 对象的数据源；"dataMember"表示要绑定的数据源中的特定列或列表名称，即用指定的数据源和数据成员初始化 BindingSource 类的新实例。

BindingSource 类的常用属性及说明如表 11.31 所示，其常用方法及说明如表 11.32 所示。通过一个 BindingSource 对象将一个窗体的数据源看成一个整体，可以对数据源进行记录定位（使用 Move 类方法），从而在窗体中显示不同的记录。

表 11.31 BindingSource 类的常用属性及说明

属性	说明
AllowEdit	获取一个值，该值指示是否可以编辑基础列表中的项
AllowNew	获取或设置一个值，该值指示是否可以使用 AddNew 方法向列表中添加项
AllowRemove	获取一个值，该值指示是否可以从基础列表中移除项
Count	获取基础列表中的总项数
CurrencyManage	获取与此 BindingSource 类关联的当前项管理器
DataSource	获取或设置连接器绑定到的数据源
Filter	获取或设置用于筛选查看哪些行的表达式
IsSorted	获取一个值，该值指示是否可以对基础列表中的项排序
Item	获取或设置指定索引处的列表元素
List	获取连接器绑定到的列表
Position	获取或设置基础列表中当前项的索引
Sort	获取或设置用于排序的列名称以及用于查看数据源中的行的排列顺序
SortDiretcion	获取列表中的排序方向

表 11.32 BindingSource 类的常用方法及说明

方法	说明
Add	将现有项添加到内部列表中
AddNew	向基础列表中添加新项
ApplySort	使用指定的排序说明对数据源进行排序
CancelEdit	取消当前编辑操作

续表

方法	说明
Clear	从列表中移除所有元素
EndEdit	将更改应用于数据源
Find	在数据源中查找指定的项
IndexOf	搜索指定的对象,并返回整个列表中第一个匹配项的索引
Insert	将一项插入列表中指定的索引处
Remove	从列表中移除指定的项
RemoveAt	移除此列表中指定索引处的项

2.复合绑定

复合绑定是指将一个控件和一个以上的数据元素进行绑定,通常将控件和数据集中的多个数据记录或者多个字段、数组中的多个元素进行绑定。

ComboBox、ListBox 和 CheckedListBox 等控件都支持复合绑定。在实现复合绑定时,关键的属性是 DataSource 和 DataMember(或 DisplayMember)等。

复合绑定的语法格式如下。

控件对象名称.DataSource=数据源;

控件对象名称.DisplayMember=数据成员;

11.6.2　BindingNavigator 控件

BindingNavigator 控件可以让程序开发人员不用编写程序,即可浏览、新建、修改窗体上的数据。

大多数情况下,BindingNavigator 控件(绑定到导航工具栏)与 BindingSource 控件(绑定到数据源)成对出现,用于浏览窗体上的数据记录,并与它们交互。在这些情况下,BindingSource 属性被设置为作为数据源的关联 BindingSource 控件(或对象)。

默认情况下,BindingNavigator 控件的用户界面(UI)由一系列 ToolStrip 控件、文本框和静态文本元素组成,用于进行大多数常见的数据相关操作(如添加数据、删除数据和在数据中导航等)。每个控件都可以通过 BindingNavigator 控件的关联成员进行检索或设置。类似的,还与以编程方式执行相同功能的 BindingSource 类的成员存在一一对应关系,如表 11.33 所示。

表 11.33　BindingNavigator 成员和 BindingSource 成员的对应关系

UI 控件	BindingNavigator 成员	BindingSource 成员
移到最前	MoveFirstItem	MoveFirst
前移一步	MovePreviousItem	MovePrevious
当前位置	PositionItem	Current
统计	CountItem	Count
移到下一条记录	MoveNextItem	MoveNext
移到最后	MoveLastItem	MoveLast
新添	AddNewItem	AddNew
删除	DeleteItem	RemoveCurrent

将 BindingNavigator 控件添加到窗体并绑定到数据源中时，将自动在此数据表中建立关系。

BindingNavigator 控件的所有构造函数都调用 AddStandardItem 方法将标准的 UI 控件集与导航工具栏关联起来，可以使用以下方法自定义此工具栏。

(1)创建带有 BindingNavigator 控件构造函数的 BindingNavigator 对象，此构造函数接受 Boolean 类型的 addStandardItem 参数，并将此参数设置为 False。然后，将需要的 ToolStripItem 对象添加到 BindingNavigator 控件的 Items 中。

(2)如果需要进行大量的自定义设置，或者重复使用自定义设计，应从 BindingNavigator 类派生一个类并重写 AddStandardItem 方法以定义附加标准项或替换标准项。

BindingNavigator 控件的常用属性及说明如表 11.34 所示，其常用方法及说明如表 13.35 所示。

表 11.34　BindingNavigator 控件的常用属性及说明

属性	说明
AddNewItem	获取或设置表示“新添”按钮的 ToolStripItem 对象
BindingSource	获取或设置 System.Windows.Forms.BindingSource 组件，它是数据的来源
CountItem	获取或设置 ToolStripItem 对象，它显示关联的 BindingSource 对象中的总项数
DataBindings	为该控件获取数据绑定
DeleteItem	获取或设置与“删除”功能关联的 ToolStripItem 对象
Enabled	获取或设置一个值，该值指示控件是否可以对用户交互做出响应
Items	获取属于 ToolStripItem 对象的所有项
PositionItem	获取或设置 ToolStripItem 对象，它显示 BindingSource 对象中的当前位置
Text	获取或设置与此控件关联的文本

表 11.35　BindingNavigator 控件的常用方法及说明

方法	说明
AddStandarItem	将一组标准导航项添加到 BindingNavigator 控件中
Contains	检索一个值，该值指示指定控件是否为一个控件的子控件
Show	向用户显示控件
Update	使控件重绘其工作区内的无效区域
Validate	导致进行窗体验证并返回指示验证是否成功的消息

11.7　DataView 对象

DataView 对象能够创建 DataTable 对象中所存储数据的不同视图，用于对 DataSet 对象中的数据进行排序、过滤和查询等操作。

11.7.1　DataView 对象概述

DataView 对象类似于数据库中的 View 功能，提供 DataTable 列（Column）排序、过滤记录（Row）及记录的搜索。它的一个常见用法是为空间提供数据绑定，其构造函数如下。

DataView ();

DataView (table);

DataView (table, RowFilter, Sort, RowState);

其中，"table"表示要添加到 DataView 对象的 DataTable；"RowFilter"表示要应用于 DataView对象的 RowFilter；"Sort"表示要应用于 DataView 对象的 Sort；"RowState"表示要应用于 DataView 对象的 RowState。

为了给 DataTable 对象创建一个新的 DataView 对象，可以声明该 DataView 对象，把 DataTable 对象的一个引用 *mydt* 传递给 DataView 构造函数。例如：

```
DataView mydv=new DataView(mydt);
```

在第一次创建 DataView 对象时，DataView 对象默认为 *mydt* 中的所有行。用过滤条件属性可以得到 DataView 对象中数据行的一个子集合，也可以为这些数据排序。

DataTable 对象提供 DefaultView 属性，返回默认的 DataView 对象，例如：

```
DataView mydv=new DataView(mydt);
mydv=myds.Tables["student"].DefaultView;
```

上述代码先从 *myds* 数据集中取得 student 数据表的默认内容，再利用相关控件（如 DataGridView 控件）显示内容，指定数据源为 *mydv*。

DataView 对象的常用属性及说明如表 11.36 所示，其常用方法及说明如表 11.37 所示。

表 11.36　DataView 对象的常用属性及说明

属性	说明
AllowDelete	设置或获取一个值，该值指示是否允许删除
AllowEdit	设置或获取一个值，该值指示是否允许编辑
AllowNew	设置或获取一个值，该值指示是否可以使用 AddNew 方法添加新行
ApplyDefaultSort	设置或获取一个值，该值指示是否使用默认排序
Count	在应用 RowFilter 和 RowStateFilter 之后，获取 DataView 对象中记录的数量
Item	从指定的表中获取一行数据
RowFilter	获取或设置用于筛选在 DataView 对象中查看哪些行的表达式
RowStateFilter	获取或设置用于 DataView 对象中的行状态筛选器
Sort	获取或设置 DataView 对象的一个或多个排序列及排序顺序
Table	获取或设置源 DataTable

表 11.37　DataView 对象的常用方法及说明

方法	说明
Addnew	将新行添加到 DataView 对象中
Delete	删除指定索引位置的行
Find	按指定的排序关键字在 DataView 对象中查找行
FindRows	返回 DataRowView 对象的数组,这些对象的行与指定的排序关键字值匹配
ToTable	根据现有 DataRowView 对象中的行,创建并返回一个新的 DataTable 对象

11.7.2　DataView 对象的列排序设置

DataView 对象取得一个数据表之后,可以利用 Sort 属性指定依据某些行(Column)排序。Sort 属性允许复合键的排序,列之间用逗号隔开即可。排序的方式又分为升序(Asc)和降序(Desc),在列之后接 Asc 或 Desc 关键字即可。

11.8　DataGridView 控件

DataGridView 控件是标准 DataGrid 控件的升级版,用于在窗体中显示表格数据。DataGridView 控件的常用属性及说明如表 11.38 所示,其中 Columns 属性是一个列集合,由 Columns 列对象组成,每个 Columns 列对象的常用属性及说明如表 11.39 所示。

DataGridView 控件的常用方法及说明如表 11.40 所示,其常用事件及说明如表 11.41 所示。

表 11.38　DataGridView 控件的常用属性及说明

属性	说明
AllowUserToAddRows	获取或设置一个值,该值指示是否向用户显示添加行的选项
AllowUserToDeleteRows	获取或设置一个值,该值指示是否向用户从 DataGridView 控件中删除行
ColumnsCount	获取或设置 DataGridView 控件中显示的列数
ColumnHeadersHeight	获取或设置列标题行的高度(单位为像素)
Columns	获取一个包含控件中所有列的集合
DataBindings	为该控件获取数据绑定
DataMember	获取或设置数据源中 DataGridView 控件显示其数据的列表或表的名称
DataSource	获取或设置 DataGridView 控件所显示数据的数据源
DefaultCellStyle	获取或设置应用 DataGridView 控件中的单元格的默认单元格字体样式
GridColor	获取或设置网格线的颜色,网格线对 DataGridView 控件的单元格进行分割
ReadOnly	获取一个值,该值指示用户是否可以编辑 DataGridView 控件的单元格
Rows	获取一个集合,该集合包含 DataGridView 控件中的所有行

续表

属性	说明
RowCount	获取或设置 DataGridView 控件中显示的行数
RowHeadersWidth	获取或设置包含行标题的宽度(单位为像素)
ScrollBars	获取或设置要在 DataGridView 控件中显示的滚动条的类型
SelectedCells	获取用户选定的单元格的集合
SelectedColumns	获取用户选定的列的集合
SortOrder	获取一个值,该值指示是按升序或降序对 DataGridView 控件中的项进行排序

表 11.39　Columns 列对象的常用属性及说明

属性	说明
HeaderText	获取或设置列标题文本
Width	获取或设置当前列宽度
DefaultCellStyle	获取或设置列的默认单元格样式
AutoSizeMode	获取或设置模式,通过该模式,列可以自动调整其宽度

表 11.40　DataGridView 控件的常用方法及说明

方法	说明
HeaderText	获取或设置列标题文本
Width	获取或设置当前列宽度
DefaultCellStyle	获取或设置列的默认单元格样式
AutoSizeMode	获取或设置模式,通过该模式列可以自动调整其宽度

表 11.41　DataGridView 控件的常用事件及说明

事件	说明
CellContentClick	在单元格中的内容被单击时发生
CellClick	在单元格中的任何部分被单击时发生
CellContentDoubleClick	在单元格中的内容被双击时发生
ColumnAdded	在向控件添加一列时发生
ColumnRemoved	在从控件中移除列时发生
RowsAdded	在向 DataGridView 控件中添加新行之后发生
Sorted	在 DataGridView 控件完成排序操作时发生
UserDeletedRow	在用户完成从 DataGridView 控件中删除行时发生

11.9 应用实例

【例 11.2】单击如图 11.12 所示的“雷达设计数据”菜单命令，弹出“雷达设计数据录入”界面，如图 11.13 所示，主要控件及相关属性设置如表 11.42 所示。

录入雷达设计数据后，单击“保存”按钮，将录入的雷达设计数据存入 nuist 数据库中的 radarinfo 数据表。

单击“清空”按钮，将清空雷达设计数据，光标置于“X 坐标”文本框。

单击“显示”按钮，将 radarinfo 数据表中的数据显示在“雷达设计信息显示”框内。

选中“雷达设计信息显示”框内的任意一条信息，单击“删除”按钮，将删除选中的信息，并将“雷达设计信息显示”框内的数据存入 radarinfo 数据表。

修改“雷达设计信息显示”框内的任意一条信息，单击“修改”按钮，“雷达设计信息显示”框内修改后的数据将存入 radarinfo 数据表。

表 11.42 例 11.2 主要控件及相关属性设置

序号	控件类型	属性	属性值	序号	控件类型	属性	属性值
1	TextBox	Name	tbx_radarX	8	Button	Name	btn_radarclear
2	TextBox	Name	tbx_radarY			Text	清除
3	TextBox	Name	tbx_radarH	9	Button	Name	btn_radarinfo
4	TextBox	Name	tbx_radardesh			Text	显示
5	TextBox	Name	tbx_radarR	10	Button	Name	btn_radardel
6	DataGridView	Name	dgv_radarinfo			Text	删除
7	Button	Name	btn_radarsave	11	Button	Name	btn_radarupdate
		Text	保存			Text	修改

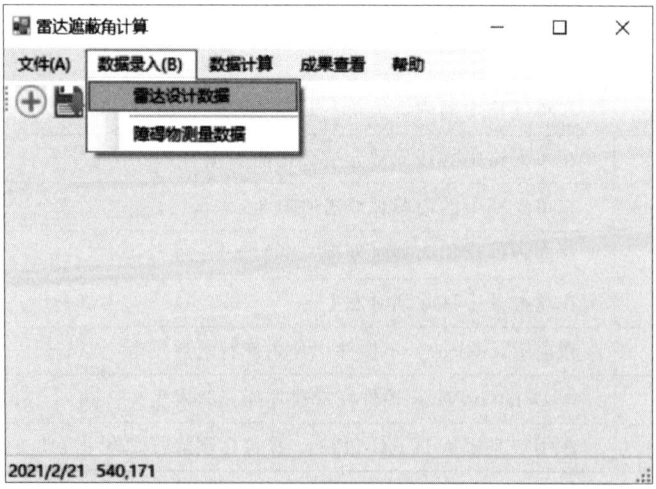

图 11.12 “雷达遮蔽角计算”程序主界面“数据录入”菜单

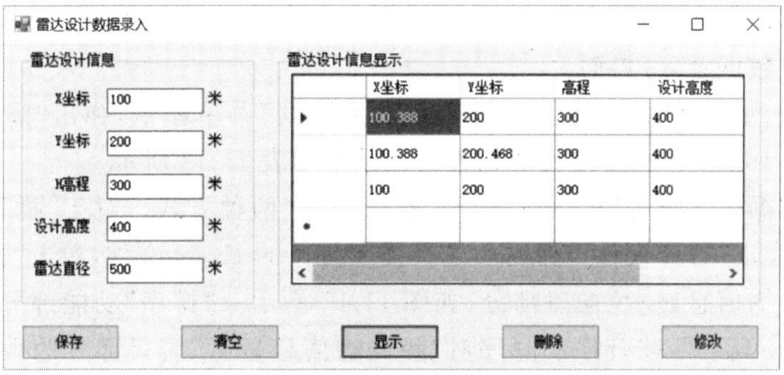

图 11.13　“雷达设计数据录入”界面

在“解决方案资源管理器”窗口，右键单击“菜单设计 2021”，如图 11.14 所示。

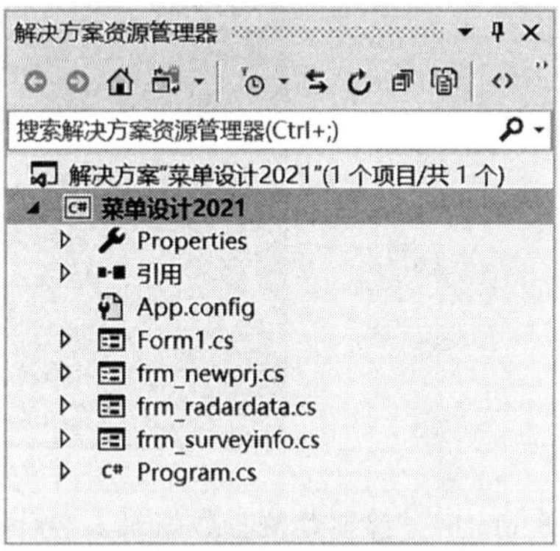

图 11.14　右键单击“菜单设计 2021”

在弹出的快捷菜单中，选择“添加(D)”→“窗体(Windows 窗体)(F)...”选项，如图 11.15 所示。此时，将会添加一个新的、没有设计的窗体。参照图 11.13 完成“雷达设计数据录入”窗体界面设计。

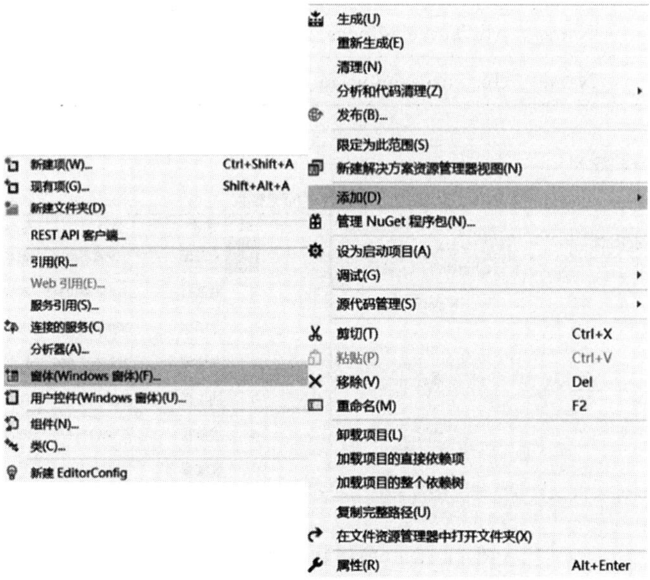

图 11.15　添加窗体菜单

双击“雷达设计数据”菜单命令，编写以下代码。完成后，单击“雷达设计数据”菜单命令，将弹出“雷达设计数据录入”界面。

【例 11.3】单击如图 11.12 所示的“障碍物测量数据”菜单命令，弹出“障碍物测量数据录入”界面，如图 11.16 所示，主要控件及相关属性设置如表 11.43 所示。

该部分中，数据录入分为“批量录入”和“逐点录入”两种方式。对于“批量录入”，单击“打开文件”按钮，将弹出“打开文件”对话框，选择需要打开的 Excel 文件，单击“打开”按钮，此时，数据显示在“障碍物信息显示”窗口部分，如图 11.17 所示。“排序”功能部分，可以根据“X 坐标”“Y 坐标”和“H 高程”，按升序和降序对“障碍物信息显示”窗口部分的数据进行排序。其他功能可以参照例 11.2 完成。

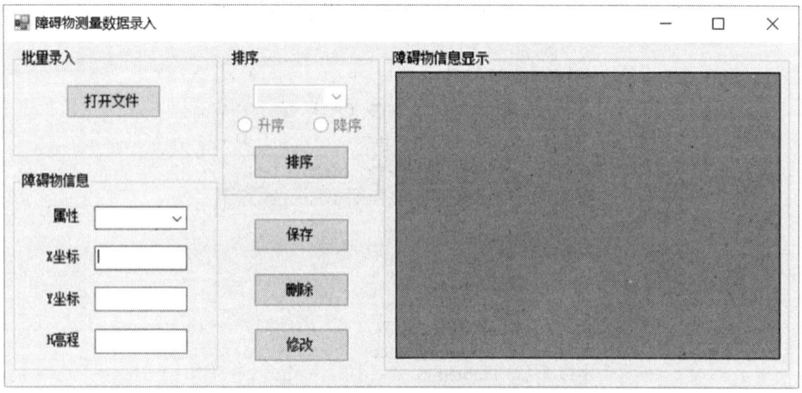

图 11.16 “障碍物测量数据录入”界面

表 11.43 例 11.3 主要控件及相关属性设置

序号	控件类型	属性	属性值	序号	控件类型	属性	属性值
1	DataGridView	Name	dgv_surveyinfo	5	Button	Name	btn_surveyopen
2	RadioButton	Name	rbt_surveyinfoasc	6	Button	Text	打开文件
3	RadioButton	Name	rbt_surveyinfodes			Name	btn_surveyorder
4	ComboBox	Name	cbx_surveyinfoitem				

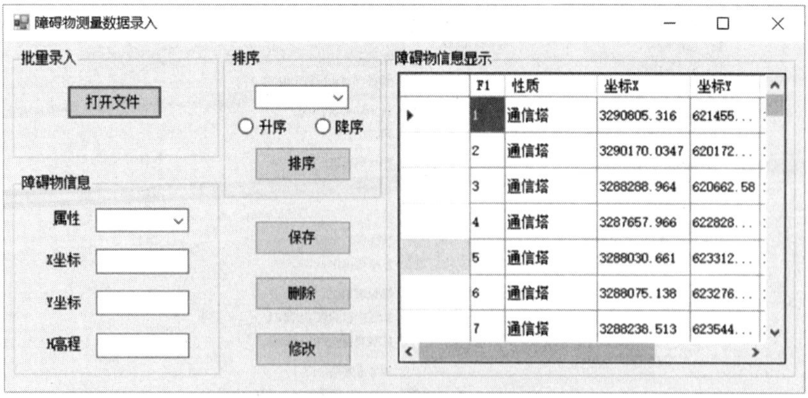

图 11.17 “障碍物信息显示”界面

程序主要代码如下。

```
public DataSet getData()   //定义类
{

    //打开文件
    OpenFileDialog file=new OpenFileDialog();
    file.Filter="Excel(*.xls)|*.xls|Excel(*.xlsx)|*.xlsx";
    file.InitialDirectory=Environment.GetFolderPath(Environment.
SpecialFolder.Desktop);
    file.Multiselect=false;
    if(file.ShowDialog()==DialogResult.Cancel)
    {
        return null;
    }

    //判断文件后缀
    var path=file.FileName;
    string fileSuffix=System.IO.Path.GetExtension(path);

    if(string.IsNullOrEmpty(fileSuffix))
    {
        return null;
    }

    using(DataSet ds=new DataSet())
    {
        //判断 Excel 文件是 2003 版本还是 2007 版本
        string connString="";

        if(fileSuffix==".xls")
        {
            connString="Provider=Microsoft.Jet.OLEDB.4.0;"+"Data Source=
            "+path+";"+";Extended Properties=\"Excel 8.0;HDR=YES;IMEX=1\"";
        }
        else
        {
            connString="Provider=Microsoft.ACE.OLEDB.12.0;"+"Data Source=
            "+path+";"+";Extended Properties=\"Excel 12.0;HDR=YES;IMEX=1\"";
        }

        //读取文件
        string sql_select="SELECT*FROM[障碍物明细表$]";

        using(OleDbConnection conn=new OleDbConnection(connString))
        using(OleDbDataAdapter cmd=new OleDbDataAdapter(sql_select,conn))
        {
            conn.Open();
            cmd.Fill(ds);
```

```
        }

        if(ds==null||ds.Tables.Count<=0) return null;
        return ds;
    }
}

//"障碍物测量数据录入"窗体加载
private void frm_surveyinfo_Load(object sender,EventArgs e)
{
    cbx_surveyinfoitem.Enabled=false;
    rbt_surveyinfoasc.Enabled=false;
    rbt_surveyinfodes.Enabled=false;
}

//"打开文件"按钮
private void btn_surveyopen_Click(object sender,EventArgs e)
{
    dgv_surveyinfo.DataSource=null; //每次打开清空内容
    dgv_surveyinfo.ReadOnly=true;

    DataTable dt=getData().Tables[0];
    dgv_surveyinfo.DataSource=dt;

    dgv_surveyinfo.Columns[0].Width=30;
    dgv_surveyinfo.Columns[1].Width=80;
    dgv_surveyinfo.Columns[2].Width=80;
    dgv_surveyinfo.Columns[3].Width=60;

    cbx_surveyinfoitem.Enabled=true;
    rbt_surveyinfoasc.Enabled=true;
    rbt_surveyinfodes.Enabled=true;
}

//"排序"按钮
private void btn_surveyorder_Click(object sender,EventArgs e)
{
    if(cbx_surveyinfoitem.SelectedIndex==0)
    {
        if(rbt_surveyinfoasc.Checked)
        {
            dgv_surveyinfo.Sort(dgv_surveyinfo.Columns[1],ListSortDirection.
            Ascending);
        }
        else
        {
            dgv_surveyinfo.Sort(dgv_surveyinfo.Columns[1],ListSortDirection.
            Descending);
```

```
        }
    }
    else if(cbx_surveyinfoitem.SelectedIndex==1)
    {
        if(rbt_surveyinfoasc.Checked)
        {
            dgv_surveyinfo.Sort(dgv_surveyinfo.Columns[2],ListSortDirection.
             Ascending);
        }
        else
        {
            dgv_surveyinfo.Sort(dgv_surveyinfo.Columns[2],ListSortDirection.
             Descending);
        }
    }
    else
    {
        if(rbt_surveyinfoasc.Checked)
        {
            dgv_surveyinfo.Sort(dgv_surveyinfo.Columns[3],ListSortDirection.
             Ascending);
        }
        else
        {
            dgv_surveyinfo.Sort(dgv_surveyinfo.Columns[3],ListSortDirection.
             Descending);
        }
    }
}
```

习题十一

一、选择题

1.SQL 中，实现数据检索的语句是______。

A.Select　　B.Update　　C.Delete　　D.Insert

2.创建数据库连接使用的对象是______。

A.Connection　　B.Command　　C.DateReader　　D.DataSet

3.SQL 中的语句"delete form department"，需要 OleDbCommand 对象的______方法执行。

A.ExecuteNonQuery　　B.ExecuteScalar

C.ExecuteReader　　D.ExecuteXmlReader

4.层次型、网状型和关系型数据库划分原则是______。

A.记录长度　　B.文件的大小

C.联系的复杂程度　　D.数据之间的联系

5.数据库系统的核心是______。

A.数据库　　B.数据库管理系统

C.数据模型　　D.软件工具

二、编程题

1.利用 Navicat Premium 建立名为 Data 的 MySQL 数据库。Data 数据库含有 pointinfo 数据表,数据表的字段信息如表 11.44 所示。

表 11.44　pointinfo 数据表

字段	类型	描述	小数位数
pname	Varchar(10)	点名	无
px	double(15)	X 坐标	4
py	double(15)	Y 坐标	4
pz	double(15)	Z 坐标	4
pb	double(15)	纬度 B	6
pl	double(15)	经度 L	6
ph	double(15)	大地高 H	4

2.编写"CGCS2000 大地坐标转空间直角坐标"程序,程序运行界面如图 11.18 所示。具体要求包括:单击"坐标转换"按钮,完成 CGCS2000 大地坐标转空间直角坐标计算;单击"保存"按钮,将大地坐标和对应的空间直角坐标存入上题中 Data 数据库;单击"显示"按钮,将 Data 数据库中的数据显示在"坐标显示"窗口部分;单击"清空"按钮,清空大地坐标和空间直角坐标。

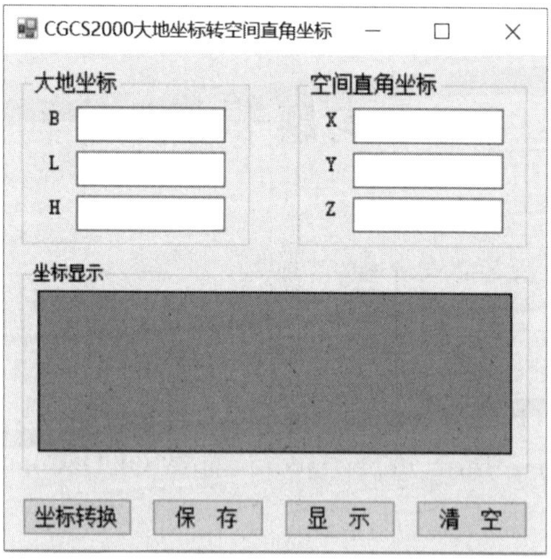

图 11.18　"CGCS2000 大地坐标转空间直角坐标"程序运行界面

参考文献

姜桂洪，孙福振，苏晶，2018.MySQL 数据库应用与开发[M].北京：清华大学出版社.

李春葆，谭成予，曾平，等，2013.C# 程序设计教程[M].2 版.北京：清华大学出版社.

李征航，黄劲松，2016.GPS 测量与数据处理[M].3 版.武汉：武汉大学出版社.

宋力杰，2009.测量平差程序设计[M].北京：国防工业出版社.

唐大仕，2018.C# 程序设计教程[M].2 版.北京：北京交通大学出版社，清华大学出版社.

王珊，萨师煊，2014.数据库系统概论[M].5 版.北京：高等教育出版社.

王英英，2019.MySQL8 从入门到精通[M].北京：清华大学出版社

徐安东，2012.Visual C# 程序设计基础[M].北京：清华大学出版社.

余学祥，董斌，吕伟才，等，2020.GNSS 导航定位原理与应用[M].徐州：中国矿业大学出版社.

张华海，王宝山，王爱生，等，2016.应用大地测量学[M].4 版.徐州：中国矿业大学出版社.

章书寿，陈福山，周国树，2011.测量学教程[M].4 版.北京：测绘出版社.

FOXALL J，2007.Visual C# 2005 入门经典[M].陈秋萍，译.北京：人民邮电出版社.